縫製者簡介
Komori Katsuko

本書作者的作品領域非常廣泛，包括手工小物到正式的禮服在內。其風格不落俗套，而從成年人的角度出發，製作出「簡單又可愛的作品」為其特長。近年來更積極熱衷於製作和服腰飾之類的和風小物，而這類作品在店面也獲得相當的好評。

工作人員
責任編輯：千明玲子　明村惠美子
攝影：渡邊勝人　腰塚良彥（Process）
版面設計：佐藤次洋
繪圖：川岸靖子

作品設計・製作
Komori Katsuko

譯者簡介
王慧娥

淡江大學日文系學士、東吳大學日文系碩士。曾任職流通世界雜誌社副總編輯，現專事翻譯工作。譯有《達人法則──職場不敗50道護身符》、《圖解電池入門》、《天天都想拿的手作包》、《串珠甜點時尚Party》、《用天然素材作居家小物》、《超圖解！不織布幸福小物》、《26款・日雜裝飾花，搭出我的百變鞋＆包》、《養一隻編織貓》（世茂出版）；《我是職場人緣王》、《召喚財運的浴廁掃除實踐法》（三采文化）；《溫柔手作室內鞋》（積木文化）；《裡庭》、《瑞士品牌攻勢》（小知堂文化）；《圖解101例　瞭解供應鏈管理》（向上出版）等多本譯作。

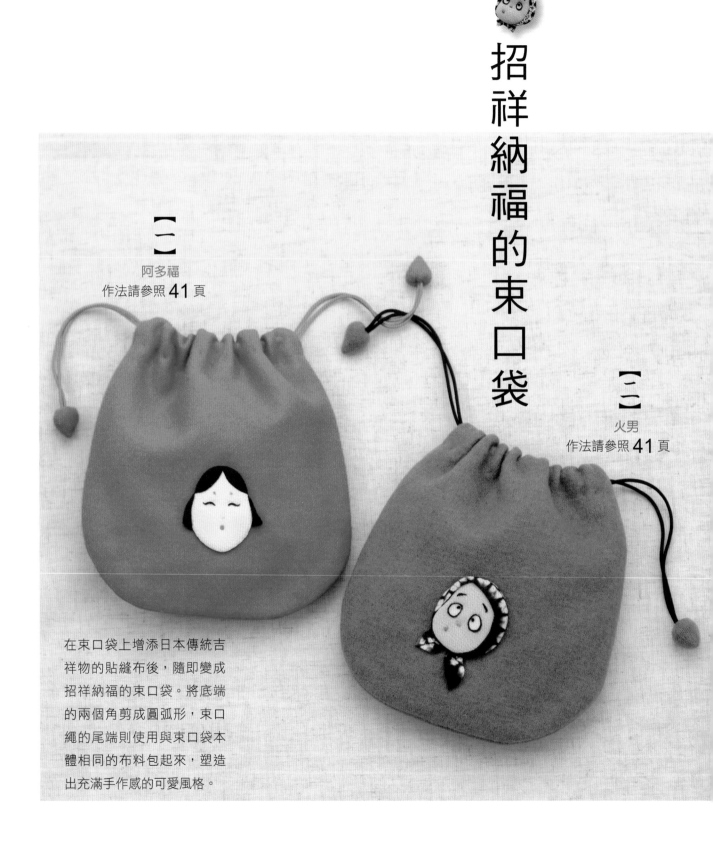

招祥納福的束口袋

【一】
阿多福
作法請參照 **41** 頁

【二】
火男
作法請參照 **41** 頁

在束口袋上增添日本傳統吉
祥物的貼縫布後,隨即變成
招祥納福的束口袋。將底端
的兩個角剪成圓弧形,束口
繩的尾端則使用與束口袋本
體相同的布料包起來,塑造
出充滿手作感的可愛風格。

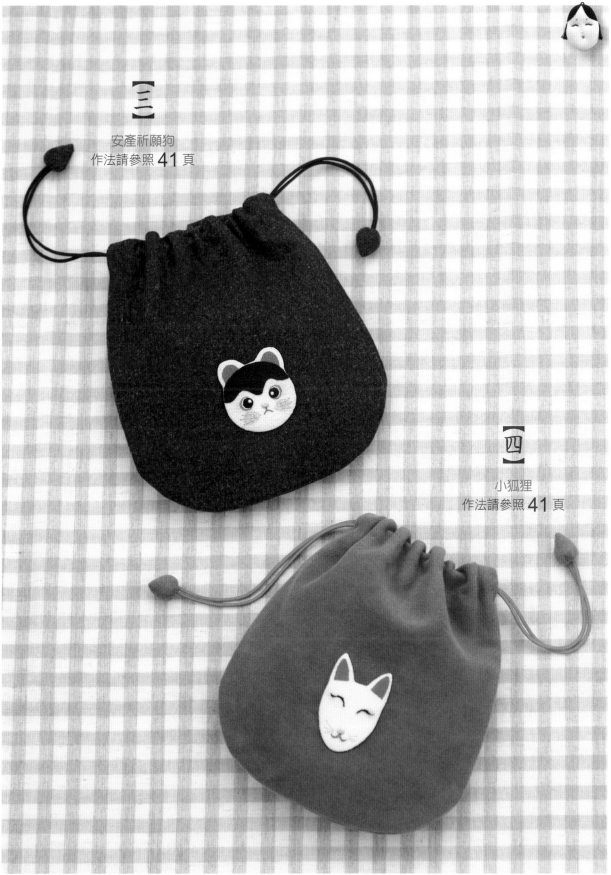

三

安產祈願狗
作法請參照 **41** 頁

四

小狐狸
作法請參照 **41** 頁

白兔花樣袋

【五】

跳躍的白兔
作法請參照 **42** 頁

【六】

祈禱的白兔
作法請參照 **43** 頁

這些作品上，縫有表情豐富的可愛白兔貼縫布。作品【五】是在黑白色調的拼布縐綢包上貼縫圖案，呈現時髦的風味。作品【六】則是圓形且附有拉鍊開合的小包包，上面的立體白兔發揮了吸睛的效果。

【七】

圓滾滾的白兔
作法請參照 **44** 頁

作品【七】上面的貼縫花樣，是
經過設計後，只剩下簡單輪廓的
白兔。一隻是圓滾滾的屁股，另
一隻則是側面的花樣，無論把哪
一面當成袋子的正面來使用都很
可愛！

可愛的手機吊飾與墜飾

【八】
招客貓
作法請參照 **38** 頁

步驟附照片解說製作

【九】
吉祥鯛
作法請參照 **45** 頁

【十】
白狐仙
作法請參照 **46** 頁

雖然這些吊飾都不是什麼特別稀奇的模樣，但都是我比較喜歡的造型，因此我試著將它們做成迷你版，沒想到竟然成了這麼可愛的手機吊飾。尤其是用和風布料做成的愛心手機吊飾，顯得格外新穎。

【十一・十二】

愛心
作法請參照 46 頁

【十一】

【十二】

【十三・十四】

日本草履
作法請參照 47 頁

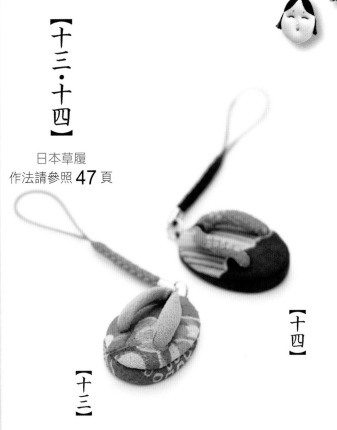

【十四】

【十三】

【十五・十六】

葫蘆
作法請參照 48 頁

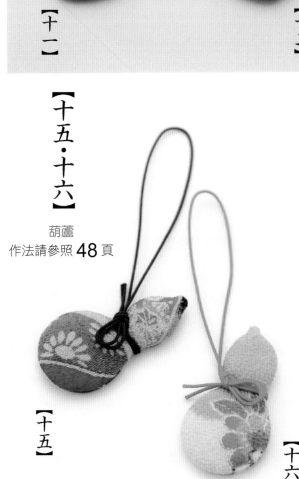

【十五】

【十六】

【十七・十八】

鴿鳥
作法請參照 48 頁

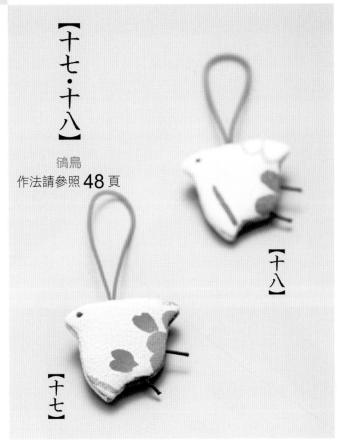

【十八】

【十七】

【十九】

洋風少女
作法請參照 **49** 頁

復古娃娃

我喜歡略帶復古風情的圖案。而
這兩款包包的重點，就在於只有
臉部的復古娃娃，不但顯得俏皮，
而且又搶眼。

【二十】
大眼娃娃
作法請參照 50 頁

【三三】
端坐著的小貓
作法請參照 **52** 頁

小貓花樣的手提袋與包包

作品【二一】的漂亮手提袋，是在淺綠色的麻布上，點綴了色彩對比的黑貓。而在圓圓的貓臉小包包上，則附有拉鍊開合，不但看起來可愛，而且方便又實用。

【二二】
白貓
作法請參照 **54** 頁

【二三】
黑貓
作法請參照 **54** 頁

【二七】
鈴鐺
作法請參照 **56** 頁

【二六】
葡萄
作法請參照 **56** 頁

和風法式布盒

【二五】
櫻花
作法請參照 **34** 頁

步驟附製
解照片作
說　　　

【二四】
山茶花
作法請參照 **55** 頁

【二八】
帶地布
作法請參照 56 頁

【二九】
友禪綢
作法請參照 55 頁

這些琳瑯滿目的小盒子，外面或以日式
風格花樣點綴，或黏貼上傳統和風布
料。至於盒子的內層支架，則是利用厚
紙板製作而成，所以只要學會基本的作
法，接下來就可以輕鬆自在地變換各種
尺寸、形狀等等。

【三一】
酸漿果
作法請參照 **57** 頁

【三十】
枯葉
作法請參照 **57** 頁

雅致布書套

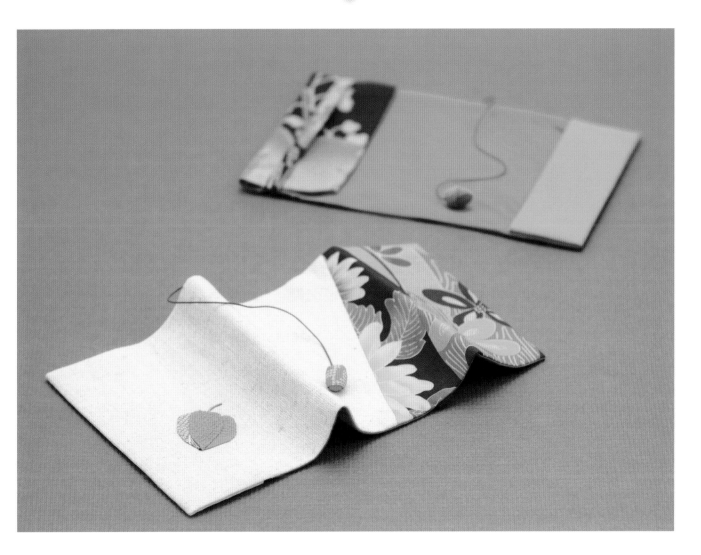

這兩款雅致的手工布書套，除了布料、花樣
皆經過特別挑選之外，在反摺的部分，以及
書籤等細部設計處，也絲毫不含糊。此外，
內側的布料使用斜紋拼接，所以能溫柔地將
書本包覆起來。

【三三】
愛心
作法請參照 **60** 頁

將漂亮的小布片，一片片拼縫之後，隨即變成了這兩款充滿手工質感的手提包。第 16 頁作品【三二】的迷人設計，是將愛心圖案分割之後再拼縫而成。而第 17 頁的作品【三三】則是利用了和風花色與素面的縐綢布，另外再搭配毛料，組成了簡約而時尚的款式。

【三三】
正方形
作法請參照 **58** 頁

清爽的藍色與麻布元素
所組合成的手提袋

利用簡單的直線樣式，將傳統的藍染棉布與麻布，協調而美觀地組合在一起。這種清爽風格的雜貨小物，最適合在舒爽的季節裡，搭配一身休閒裝扮或牛仔服飾使用。

【三四】
斜紋拼接
作法請參照 **62** 頁

【三五】

四角拼接
作法請參照 63 頁

最適合搭配浴衣的包包與手機吊飾

接下來介紹的，是充滿清涼感的可愛夏季小物。雖然也能用來搭配洋裝，但是如果能在穿著浴衣的時候使用，將會顯得更加出色又富有雅趣！在布料方面，是選用略帶透明感的布料、或是粗目的麻布等等，以呈現出涼爽的感覺。而風鈴和團扇造型的吊飾，簡直就和實物一模一樣！

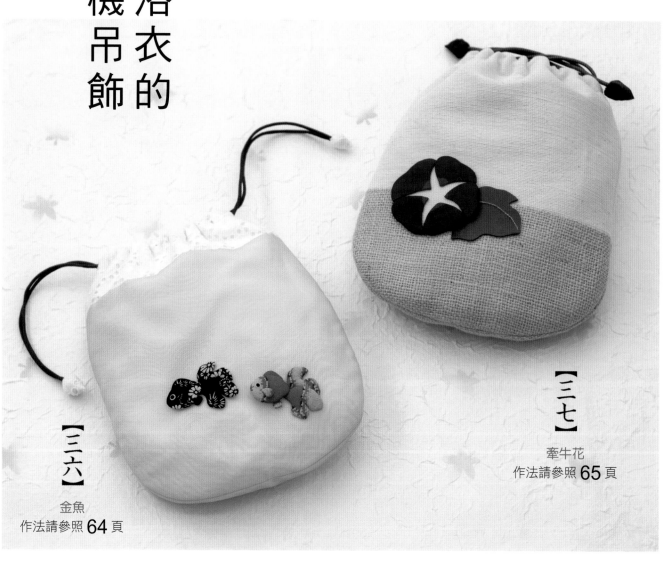

【三七】
牽牛花
作法請參照 **65** 頁

【三六】
金魚
作法請參照 **64** 頁

【四十】

【三八】

【三九】

【三八～四十】
風鈴
作法請參照 **66** 頁

【四一】

【四三】

【四二】

【四一～四三】
團扇
作法請參照 **66** 頁

春夏的廚房小物

【四六】

【四五】

【四四】

【四四～四六】

片片花瓣
作法請參照 **67** 頁

這裡介紹的廚房小物，全是以季節氛圍為特徵所設計而成。單片櫻花花瓣造型的杯墊，可說是最讓人想在早春時節使用的小物。夏天時則利用水珠與流水模樣的餐墊，為餐桌上的擺設帶來一股清爽的氣息。

【四八】
流水
作法請參照 **68** 頁

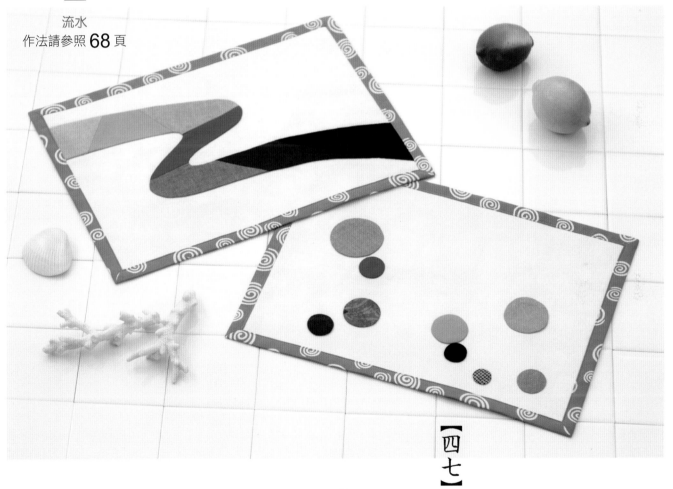

【四七】
水珠
作法請參照 **68** 頁

秋冬的餐桌小物

【五二】
法國梧桐
作法請參照 71 頁

【五十】
銀杏
作法請參照 71 頁

【四九】
柿子葉
作法請參照 70 頁

手工製作的餐桌小物，在略微寒冷的季節裡，將能帶給你平靜而溫暖的感受。落葉造型的杯墊，以及松竹梅花樣的餐墊，只需要很短的時間就可以完成。在迎接新年到來時，就讓手作小物扮演重要的角色吧。

【五三】
竹
作法請參照 **73** 頁

【五二】
松
作法請參照 **72** 頁

【五四】
笑臉梅
作法請參照 **74** 頁

【五六】

【五五】

【五五・五六】
草莓
作法請參照 **75** 頁

圓滾滾的可愛自創飾品

這些是使用了和風布料製作而成的水果與蔬菜造型小飾品。除了可以當做手機吊飾、墜飾，或是掛在拉鍊頭上之外，還可以嘗試做成耳環之類的飾品，一樣漂亮極了！

【五七】
栗子
作法請參照 **75** 頁

【五八】
香菇
作法請參照 **76** 頁

【五九】
橡果
作法請參照 **77** 頁

【六十～六二】
辣椒
作法請參照 **77** 頁

【六二】

【六十】

【六一】

【六三】
豌豆
作法請參照 **78** 頁

【六四】
西瓜
作法請參照 **78** 頁

招財貓迷你掛飾

【六五】

招財貓
作法請參照 **79** 頁

【六六】

招客貓

作法請參照 79 頁

以縐綢布製作出不同顏色的招財貓與招客貓，搭配底框所使用的
布料花色，巧妙地做出最佳的裝飾。據說，舉起右手的貓兒能招
來財運，舉起左手的則是招攬客人，而白貓能招福，黑貓則能祛
病除厄。

【六七】

條紋和服
作法請參照 **82** 頁

 迷你和服掛飾

【六八】

格紋和服
作法請參照 82 頁

這裡所製作的迷你和服，並非出席正式場合所穿的禮服，而是日常穿著的和服，把它們做成掛飾後，顯得格外摩登與時尚。圓形的底框則是這兩款作品的重點所在！

手工和服腰飾

【七一】

櫻桃
作法請參照 **85** 頁

【七十】

銀杏
作法請參照 **84** 頁

越來越多人把和服當成日常穿著的
衣服了。而挑選走在季節前端的裝
飾小物,更是穿著和服的樂趣之一。
第 32、33 頁所介紹的作品,雖然是
我自創的和服腰飾,但是只要改用
別針等不同的金屬佩件,也可以做
成胸針或手機吊飾。(請參照 40 頁)

【六九】

小花
作法請參照 **85** 頁

【七二】

四葉幸運草
作法請參照 86 頁

【七三】

河豚
作法請參照 86 頁

【七四】

紅色山茶花
作法請參照 87 頁

【七五】

蝴蝶
作法請參照 87 頁

【七六】

盛開的櫻花
作法請參照 85 頁

工具

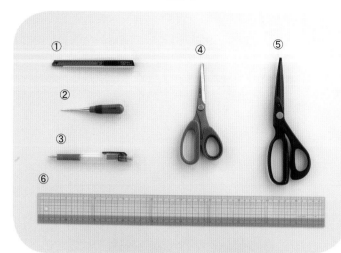

①美工刀　②錐子　③自動鉛筆（或 HB 鉛筆）④剪紙用剪刀
⑤剪布用剪刀　⑥直尺

材料

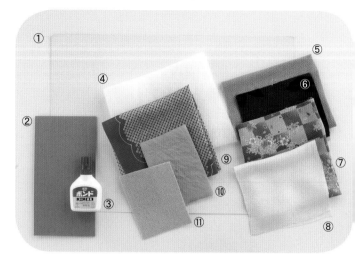

①B4 厚紙板 1 張　②瓦楞紙 10cm×20cm　③木工用樹脂
④鋪棉襯 25cm×30cm　⑤A 布（縐綢布）25cm×30cm
⑥B 布（絹布）15cm×15cm　⑦C 布（縐綢布）25cm×30cm
⑧D 布（縐綢布）15cm×15cm　⑨E 布（絹布）40cm×30cm
⑩F 布（絹布）10cm×10cm　⑪G 布（縐綢布）10cm×10cm

內盒蓋側面（E 布・厚紙板 各 1 片）

2.5cm ┃ 28cm

內盒身側面
（E 布・厚紙板 各 1 片）

4.5cm ┃ 25.3cm

外盒蓋側面
（C 布・鋪棉襯・厚紙板 各 1 片）

3cm ┃ 28.8cm

外盒身側面（A 布・厚紙板 各 1 片）

5cm ┃ 26.1cm

原寸紙型

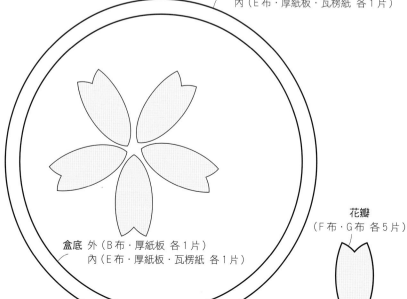

盒蓋 外（D 布・鋪棉襯・厚紙板 各 1 片）
　　 內（E 布・厚紙板・瓦楞紙 各 1 片）

盒底 外（B 布・厚紙板 各 1 片）
　　 內（E 布・厚紙板・瓦楞紙 各 1 片）

花瓣
（F 布・G 布 各 5 片）

1　裁切厚紙板、瓦楞紙

內盒蓋（瓦楞紙）　內盒蓋（厚紙板）　外盒蓋（厚紙板）

內盒蓋側面（厚紙板）

外盒蓋側面（厚紙板）

內盒底（瓦楞紙）　內盒底（厚紙板）　外盒底（厚紙板）

內盒身側面（厚紙板）

外盒身側面（厚紙板）

依照左方所示的盒蓋(瓦楞紙 1 片・厚紙板 2 片)、盒蓋側面(厚紙板 2 片)、盒底(瓦楞紙 1 片・厚紙板 2 片)、盒身側面（厚紙板 2 片）尺寸裁切

※側面長度已加入 0.5cm 左右的可調整長度。

② 裁剪布料

＊請在紙型上（請參照 34 頁）分別加上指定的糊份之後再裁剪。

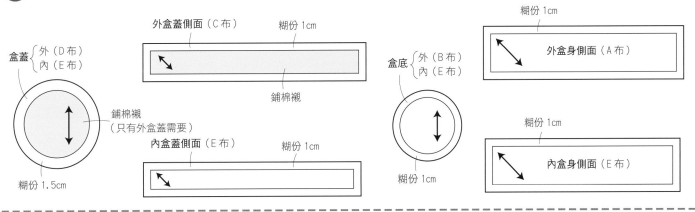

盒蓋 { 外（D布）
內（E布） }

外盒蓋側面（C布）　糊份 1cm

鋪棉襯
（只有外盒蓋需要）

糊份 1.5cm

內盒蓋側面（E布）　糊份 1cm

鋪棉襯

糊份 1cm

外盒身側面（A布）

盒底 { 外（B布）
內（E布） }

糊份 1cm

糊份 1cm

內盒身側面（E布）

---

③ 製作內盒底

瓦楞紙

厚紙板

1 在內盒底的整個面塗上樹脂，黏合瓦楞紙和厚紙板

2 將內盒底疊在 E 布的反面上，周圍塗上樹脂，然後用錐子邊壓邊黏合糊份

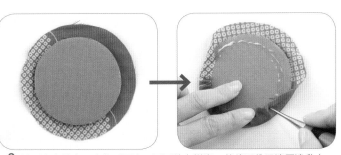

3 內盒底完成

---

④ 製作內盒身側面

1 將內盒身側面捲在盒底上，標上記號

2 依照記號剪掉多餘的厚紙板

內盒身側面（厚紙板）

a

3 將厚紙板疊在 E 布的反面，尾端的部分往內側拉，並用樹脂黏合三邊

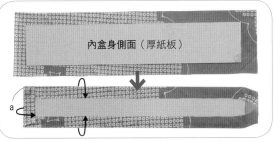

---

⑤ 貼合內盒底與內盒身側面

1 在內盒底的邊緣塗上樹脂

a

2 將內盒底的正面（黏貼布的那一面）朝上放置，從內盒身側面的 a 開始黏起

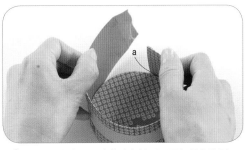

3 用樹脂黏貼重疊的部分後，內盒身就完成了

6 製作外盒底

1 在內盒底的整個面塗上樹脂後，貼上外盒底

2 將 B 布的反面朝上放置，疊上內盒後，外圍再塗上樹脂

3 翻至正面，黏貼糊份

---

7 製作外盒身側面，然後將之與內盒身側面貼合

外盒身側面(厚紙板)

1 製作外盒身側面（請參照 35 頁的步驟④）

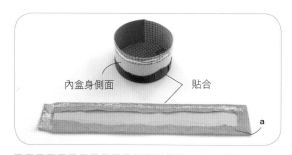

內盒身側面　　貼合

2 用樹脂黏合內盒身側面與外盒身側面

3 盒身完成

---

8 製作內盒蓋與內盒蓋側面

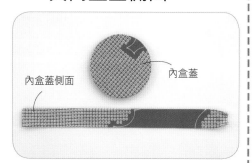

內盒蓋側面　　內盒蓋

利用厚紙板與 E 布製作內盒蓋（請參照 35 頁的步驟③）及內盒蓋側面（請參照 35 頁的步驟④），然後再將兩者貼合（請參照 35 頁的步驟⑤）

9 製作外盒蓋

1 將內盒蓋朝上放置，貼上厚紙板和鋪棉襯

2 將 D 布的反面朝上放置，疊上內盒蓋後，外圍再塗上樹脂

3 翻至正面，黏貼糊份

⑩ 製作外盒蓋側面

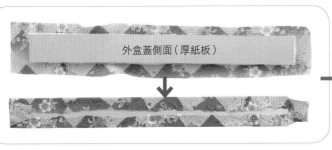

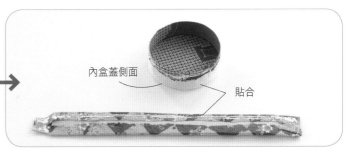

外盒蓋側面（厚紙板）

內盒蓋側面

貼合

將貼好鋪棉襯的厚紙板，疊在 C 布反面，將尾端的部分往內側拉，並用樹脂黏合三邊（請參照 35 頁的步驟④）

---

⑪ 黏合內盒蓋側面和外盒蓋側面

1 貼合方式（請參照 36 頁的步驟⑦）

2 盒蓋完成

⑫ 製作並貼上貼縫布

將木工用的樹脂和水，以 1：2 的比例稀釋後，塗在整片貼縫布上（上漿），然後用吹風機吹乾

1 完成左圖的步驟後，用樹脂將 F 布與 G 布貼合

2 在布上描繪 5 片花瓣

3 剪下來

4 在花瓣的反面塗上樹脂，然後貼在盒蓋上

5 美觀協調地黏上 F 布與 G 布後，盒蓋就完成了

6 法式布盒大功告成

第 13 頁 作品【二八】
使用了不同布料的作品

工具

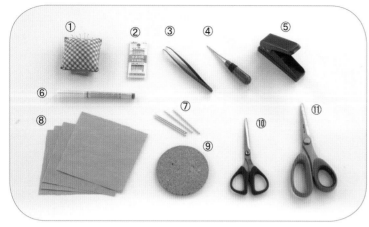

①針插・珠針　②手縫針　③鑷子　④錐子　⑤打洞器　⑥粉片筆
⑦牙籤　⑧廢紙　⑨軟木塞片（杯墊）　⑩剪布用剪刀　⑪剪紙用剪刀

材料

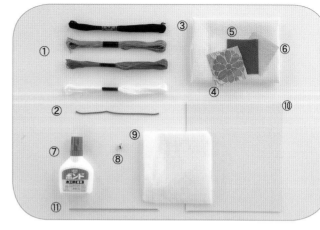

①25 號繡線（黑色・金色・紅色・白色）　②編織繩（粗 0.2cm）
③Ａ布（縐綢布）15cm×10cm　④Ｂ布（絹布）5cm×5cm
⑤Ｃ布（縐綢布）5cm×5cm　⑥Ｄ布（縐綢布）5cm×5cm
⑦木工用樹脂　⑧鈴鐺　直徑 0.6cm 1 個　⑨鋪棉襯　10cm×10cm
⑩B5 厚紙板 1 張　⑪編織繩（粗 0.1cm）

原寸紙型

內耳（Ｃ布２片）

眼睛（Ｄ布２片）

（上圖的原寸圖案分解成紙型後，共需 7 片組件）

① 裁切厚紙板

身體裡層、身體表層、右手、左手、右腳、左腳、古錢幣各 1 片

② 裁剪布料

＊請在紙型上分別加上指定的糊份之後再裁剪。

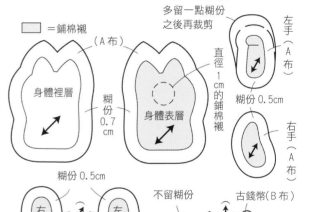

　＝鋪棉襯

（Ａ布）

身體裡層

身體表層

糊份 0.7cm

多留一點糊份之後再裁剪

左手（Ａ布）

直徑 1cm 的鋪棉襯

糊份 0.5cm

右手（Ａ布）

糊份 0.5cm

右腳（Ａ布）

左腳

不留糊份

古錢幣（Ｂ布）

不留糊份

內耳（Ｃ布）

③ 貼上鋪棉襯

1 將直徑 1cm 左右的鋪棉襯，貼在身體表層的臉部位置

2 在招客貓的各個部位上一一貼上鋪棉襯

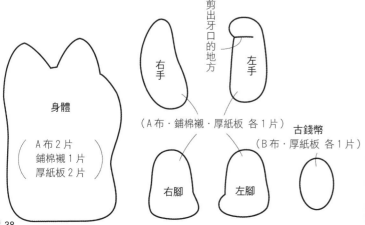

剪出牙口的地方

右手　左手

（Ａ布・鋪棉襯・厚紙板 各 1 片）

身體
（Ａ布 2 片
鋪棉襯 1 片
厚紙板 2 片）

右腳　左腳

古錢幣
（Ｂ布・厚紙板 各 1 片）

④ 製作身體表層　（製作身體時，請將軟木塞片墊在廢紙底下，然後在廢紙上作業）

1 將厚紙板放在 A 布的反面上，用珠針固定兩者，然後在糊份上剪出牙口

2 用牙籤在糊份塗上樹脂

3 邊轉動邊使用錐子將糊份黏好

4 身體表層大功告成

⑤ 製作左手

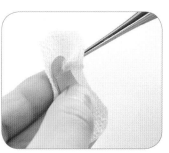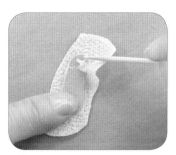

1 在厚紙板上剪出牙口

2 將厚紙板放在 A 布反面上，用錐子將布塞進牙口裡

3 用牙籤在糊份塗上樹脂

4 用錐子按壓固定

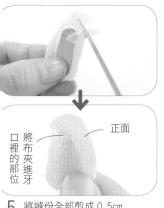

正面

將口裡的布夾進牙口裡的部位

5 將縫份全部剪成 0.5cm

6 在糊份塗上樹脂，黏貼固定（請參照步驟④）後，左手就完成了

⑥ 製作右手、右腳、左腳，並繡上貓爪

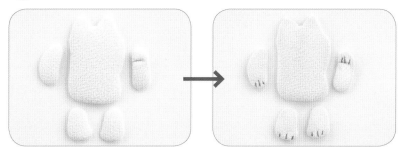

依照左手的製作方式，塗上樹脂、黏上糊份，然後用兩股紅色繡線，一一繡上貓爪（直線繡）（請參照 88 頁）

⑦ 貼上項圈

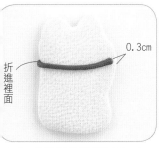

0.3cm

折進裡面

在 5cm 長的編織繩（粗 0.2cm）尾端塗上樹脂，然後黏貼固定

⑧ 將手、腳黏貼在身體表層，最後再製作並貼上古錢幣

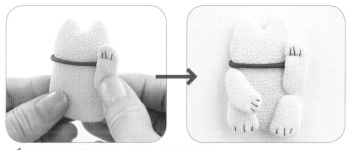

1 依序用樹脂黏上左手、左腳、右腳及右手

2 古錢幣部分，先將 B 布貼在厚紙板上，完成後插入右手底下，並且黏貼固定

39

⑨ 貼上眼睛、內耳 （這些都是較為精細的作業，所以需要使用辦公用的打洞器和鑷子）

1 用打洞器在 D 布打出兩片眼睛（直徑 0.6cm）（如果沒有打洞器的話，可以改用剪刀剪）

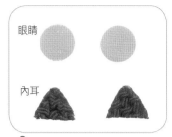

眼睛

內耳

2 用 C 布裁剪出兩片內耳

3 在布片反面塗上樹脂，然後用鑷子夾起來黏貼在適當部位

4 完成眼睛和內耳

---

⑩ 繡上眼珠

1 使用兩股黑色繡線，在眼睛裡繡上眼珠（捲線結粒繡·繞線 15 圈）（請參照 88 頁），然後在眼珠下方塗上樹脂，將眼珠調整成平坦的形狀

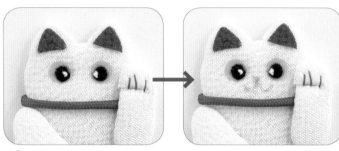

2 使用兩股白色繡線，在眼珠裡繡上亮點（法式結粒繡·繞線 2 圈），接著用粉片筆畫上鼻子和嘴巴的輪廓線條

---

⑪ 繡上鼻子、嘴巴、鬍鬚

用兩股黑色繡線繡上鼻子（捲線結粒繡·繞線 6 圈）、用兩股紅色繡線繡上嘴巴（輪廓繡）、用兩股金色繡線繡上鬍鬚（直線繡）

⑫ 穿上鈴鐺

用兩股金色繡線穿上鈴鐺，然後再穿在項圈上

⑬ 製作繩環

1 使用 6cm 長的編織繩（粗 0.1cm）製作繩環，黏貼在背面

---

⑭ 製作並黏合身體裡層

1 將 A 布黏貼在厚紙板上，完成身體裡層，然後將之與身體表層黏起來

2 大功告成

手機吊飾繩＆和服腰帶扣＆簡針

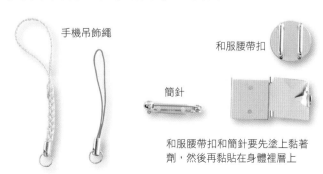

手機吊飾繩

和服腰帶扣

簡針

和服腰帶扣和簡針要先塗上黏著劑，然後再黏貼在身體裡層上

各作品的製作方法

＊製圖、作法上的數字單位為公分。
＊原寸紙型和製圖上的尺寸，並未包含縫份或糊份。裁剪前，請先加上圖中所指定的尺寸。
＊繡線未特別指定時，皆使用兩股線刺繡。

第2・3頁作品 1～4 招祥納福的束口袋

作品1～4的材料〈袋布1件的材料〉
表布（毛料：1紅色2綠色3灰色；棉仿麂皮絨布：4褐色）
50cm×25cm
別布（絹布：紅色）40cm×20cm
臉（縐綢布：1膚色2淺駝色3・4白色）10cm×10cm
頭髮・額頭（縐綢布：1・3黑色）6cm×4cm
頭巾（棉布：絞染花色）15cm×15cm
眼睛（絹布：2米白色3黑色）內耳（縐綢布：3・4紅色）
臉頰（絹布：3金色）各適量
厚紙襯 5cm×7cm
鋪棉襯 5cm×7cm
繩子 粗0.2cm（1・4紅色；2・3藏青色）長1m
25號繡線（黑色・紅色・粉紅色・藍色・黃色・水藍色・金色）
木工用樹脂・腮紅・色鉛筆

1 縫製袋布・中袋

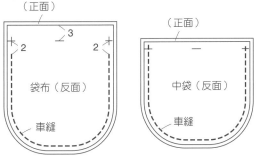

＊原寸紙型・刺繡技巧（請參照88頁）
＊輪廓繡・直線繡皆為1股線刺繡

製圖 ＊未指定之縫份均為1cm

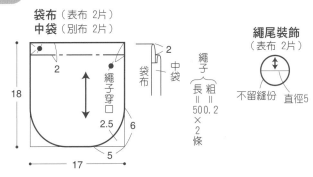

2 對齊袋布與中袋，縫合兩者

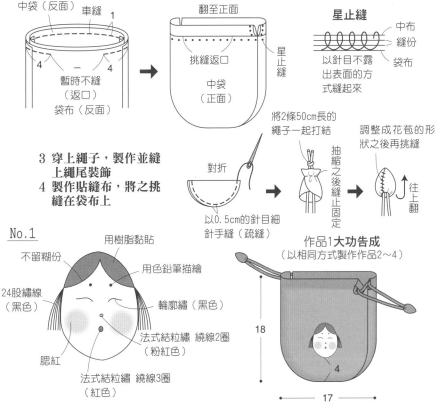

3 穿上繩子，製作並縫上繩尾裝飾
4 製作貼縫布，將之挑縫在袋布上

No.1

用樹脂黏貼
不留糊份
用色鉛筆描繪
24股繡線（黑色）
輪廓繡（黑色）
法式結粒繡 繞線2圈（粉紅色）
腮紅
法式結粒繡 繞線3圈（紅色）

作品1大功告成
（以相同方式製作作品2～4）

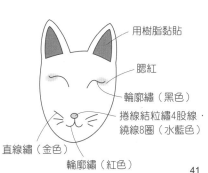

No.2

沿著臉蓋上頭巾
繡（黑色）
腮紅
法式結粒繡 繞線3圈（黑色）
捲線結粒繡 繞線6圈（粉紅色）
（黑色）
式結粒繡 繞線3圈
色）
隨興裁剪形狀
用樹脂黏貼眼睛・頭巾

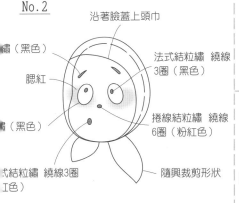

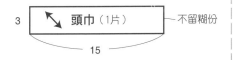
3　頭巾（1片）　不留糊份
15

No.3
使用木工用樹脂黏貼額頭・內耳・眼睛・臉頰

輪廓繡（藍色）
腮紅
法式結粒繡 繞線3圈（白色）
捲線結粒繡 4股線・繞線6圈（水藍色）
輪廓繡（黃色）
直線繡（金色）
直線繡（紅色）

No.4

用樹脂黏貼
腮紅
輪廓繡（黑色）
捲線結粒繡4股線・繞線8圈（水藍色）
直線繡（金色）
輪廓繡（紅色）

材料
A布（縐綢布：黑色）35cm×40cm
B布（縐綢布：白色）25cm×25cm
C布・D布（縐綢布：細格紋、深灰色）
各25cm×25cm
E布（縐綢布：淺灰色）25cm×15cm
中袋（棉布：紅色）60cm×30cm
頭・身體・耳朵・尾巴（縐綢布：白色）
15cm×15cm
內耳（縐綢布：紅色）7cm×7cm
厚紙襯 15cm×10cm
鋪棉襯 15cm×10cm
圓繩 粗0.4cm（紅色）長1m40cm
25號繡線（紅色）
棉花
木工用樹脂

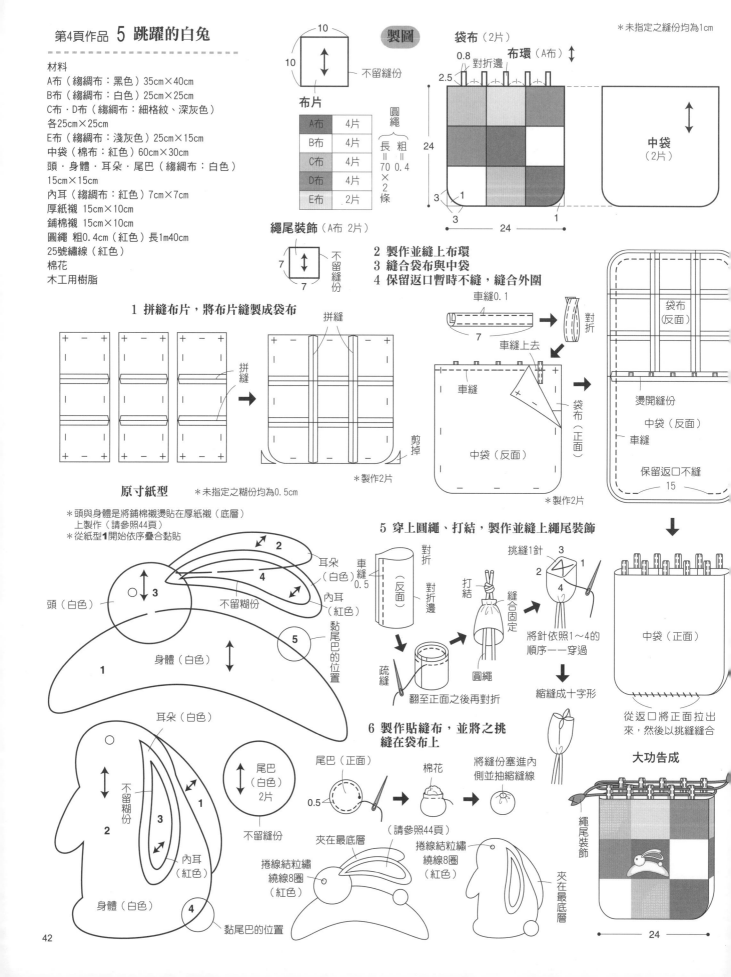

製圖

10
10
不留縫份

布片

A布	4片
B布	4片
C布	4片
D布	4片
E布	2片

圓繩
（長＝＝70×2條 粗＝＝0.4）

繩尾裝飾（A布 2片）

7
7
不留縫份

＊未指定之縫份均為1cm

袋布（2片）
布環（A布）

0.8
2.5
對折邊

24

3 1
3 1
24

中袋（2片）

2 製作並縫上布環
3 縫合袋布與中袋
4 保留返口暫時不縫，縫合外圍

1 拼縫布片，將布片縫製成袋布

拼縫

拼縫

剪掉

＊製作2片

車縫0.1
7
對折

車縫上去

車縫

袋布（反面）

燙開縫份
中袋（反面）
車縫

保留返口不縫
15

車縫
袋布（正面）
中袋（反面）

＊製作2片

原寸紙型 ＊未指定之糊份均為0.5cm

＊頭與身體是將鋪棉襯燙貼在厚紙襯（底層）
　上製作（請參照44頁）
＊從紙型**1**開始依序疊合黏貼

頭（白色）

耳朵（白色）
不留糊份
內耳（紅色）
2
4
3
5
黏尾巴的位置

身體（白色）
1

耳朵（白色）
不留糊份
內耳（紅色）
1
3
2

身體（白色）
4
黏尾巴的位置

尾巴（白色）2片
不留縫份

5 穿上圓繩、打結，製作並縫上繩尾裝飾

對折
對折邊
（反面）
車縫0.5

打結
縫合固定
圓繩

疏縫
翻至正面之後再對折

挑縫1針
3 1
2 4
將針依照1～4的順序一一穿過
縮縫成十字形

中袋（正面）

從返口將正面拉出來，然後以挑縫縫合

大功告成

6 製作貼縫布，並將之挑縫在袋布上

尾巴（正面）
0.5
棉花
將縫份塞進內側並抽縮縫線

（請參照44頁）
夾在最底層
捲線結粒繡 繞線8圈（紅色）

捲線結粒繡 繞線8圈（紅色）
夾在最底層

繩尾裝飾

24

材料

A布（縐綢布：紅色）15cm×30cm
B布（縐綢布：白色）20cm×25cm
C布（棉布：紅色）20cm×35cm
紙襯* 20cm×25cm
厚紙襯* 10cm×10cm
鋪棉襯* 30cm×15cm
拉鍊 長20cm 1條
25號繡線（紅色・粉紅色）
棉花
木工用樹脂

製圖

＊未指定之縫份均為1cm

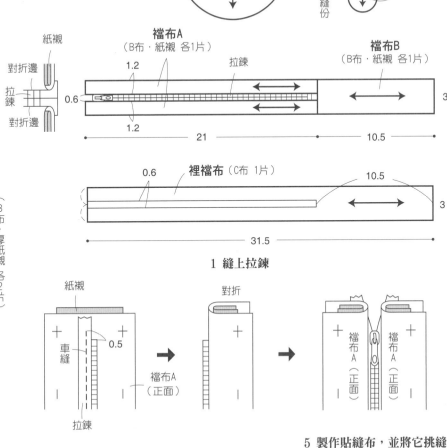

表袋布・裡袋布
（A布・C布・鋪棉襯 各2片）

直徑10

拉鍊裝飾
（B布 1片）

不留縫份

直徑2.5

襠布A
（B布・紙襯 各1片）

拉鍊

襠布B
（B布・紙襯 各1片）

紙襯
對折邊
拉鍊
對折邊

1.2
0.6
1.2

21
10.5
3

裡襠布（C布 1片）

0.6
10.5
3

31.5

原寸紙型

＊未指定之糊份均為0.5cm

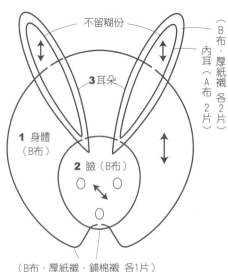

不留糊份

3耳朵

（B布・厚紙襯 各2片）
內耳（A布 2片）

1 身體（B布）

2 臉（B布）

（B布・厚紙襯・鋪棉襯 各1片）

1 縫上拉鍊

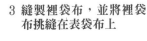

紙襯
對折

車縫
0.5
拉鍊
襠布A（正面）

襠布A（正面）
襠布A（正面）

2 縫合襠布A・B，並將它縫到袋布上

襠布A（反面）

紙襯
襠布B（反面）

先把拉鍊拉開

車縫
鋪棉襯
表袋布（反面）

襠布A
襠布B（反面）

3 縫製裡袋布，並將裡袋布挑縫在表袋布上

剪開
C布（正面）

裡襠布
摺進去

4 製作拉鍊裝飾，並縫到拉鍊上

縫上去

（請參照42頁）

裡襠布（正面）
挑縫
裡袋布（正面）
縫合

5 製作貼縫布，並將它挑縫在袋布上（請參照44頁）

＊依照紙型1～3的順序，依序疊合貼上

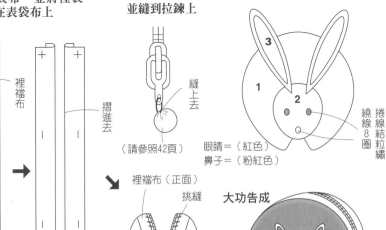

3
1
2

繞線結粒繡
捲線8圈

眼睛＝（紅色）
鼻子＝（粉紅色）

大功告成

襠布3
1.5
直徑10

43

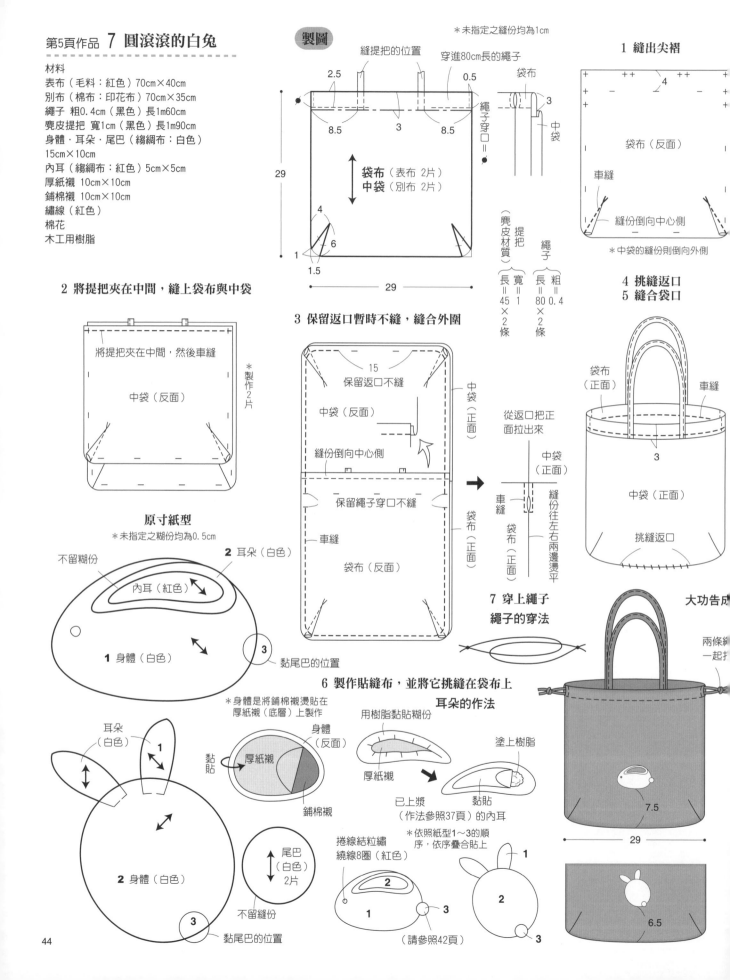

第5頁作品 **7 圓滾滾的白兔**

材料
表布（毛料：紅色）70cm×40cm
別布（棉布：印花布）70cm×35cm
繩子 粗0.4cm（黑色）長1m60cm
麂皮提把 寬1cm（黑色）長1m90cm
身體・耳朵・尾巴（綢緞布：白色）
15cm×10cm
內耳（綢緞布：紅色）5cm×5cm
厚紙襯 10cm×10cm
鋪棉襯 10cm×10cm
繡線（紅色）
棉花
木工用樹脂

製圖

＊未指定之縫份均為1cm

縫提把的位置
穿進80cm長的繩子
2.5　0.5
8.5　3　8.5
29
袋布（表布 2片）
中袋（別布 2片）
繩子穿口＝
4　6
1
1.5
29
袋布
中袋
繩子穿口
3

（麂皮材質）提把 長＝45 寬＝1 ×2條
繩子 長＝80 粗＝0.4 ×2條

1 縫出尖褶
4
袋布（反面）
車縫
縫份倒向中心側
＊中袋的縫份則倒向外側

2 將提把夾在中間，縫上袋布與中袋
將提把夾在中間，然後車縫
中袋（反面）
＊製作2片

3 保留返口暫時不縫，縫合外圍
15
保留返口不縫
中袋（反面）
縫份倒向中心側
保留繩子穿口不縫
車縫
袋布（反面）
中袋（正面）
袋布（正面）
從返口把正面拉出來
中袋（正面）
車縫　袋布（正面）
縫份往左右兩邊燙平

4 挑縫返口
5 縫合袋口
袋布（正面）
車縫
3
中袋（正面）
挑縫返口

7 穿上繩子
繩子的穿法

原寸紙型
＊未指定之糊份均為0.5cm
不留糊份
內耳（紅色）
2 耳朵（白色）
1 身體（白色）
3 黏尾巴的位置

6 製作貼縫布，並將它挑縫在袋布上
耳朵（白色）
1
身體（反面）
厚紙襯
黏貼
鋪棉襯
＊身體是將鋪棉襯燙貼在厚紙襯（底層）上製作

耳朵的作法
用樹脂黏貼糊份
厚紙襯
塗上樹脂
黏貼
已上漿（作法參照37頁）的內耳

尾巴（白色）2片
不留縫份
2 身體（白色）
3 黏尾巴的位置

捲線結粒繡 繞線8圈（紅色）
2
1
3
＊依照紙型1～3的順序，依序疊合貼上
1
2
3
（請參照42頁）

兩條繩一起
7.5
29
6.5

大功告成

44

材料
A布（絹布：紅色）10cm×10cm
B布（絹布：和風花色）5cm×5cm
C布（綟綢布：紅色）5cm×5cm
D布（絹布：白色）‧E布（絹布：黑色）‧
鋪棉襯 各適量
厚紙板 10cm×10cm
編織繩 粗0.1cm（紅色）長4cm
棉花
蚌殼 1個
手機吊飾繩 1條
木工用樹脂

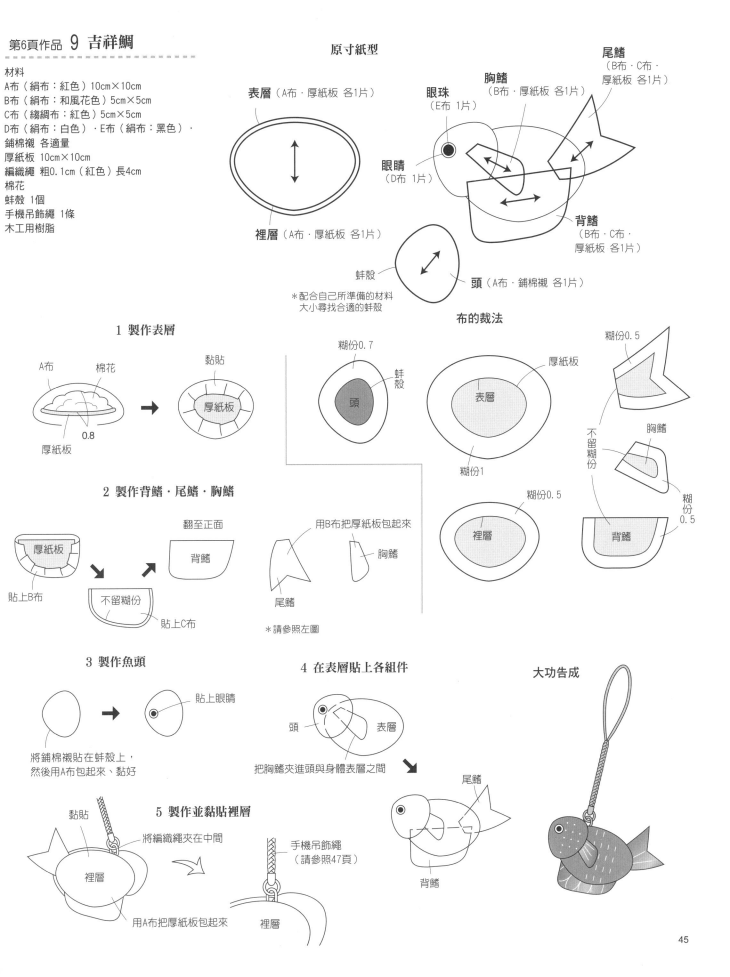

原寸紙型

表層（A布‧厚紙板 各1片）

裡層（A布‧厚紙板 各1片）

眼珠（E布 1片）

眼睛（D布 1片）

胸鰭（B布‧厚紙板 各1片）

尾鰭（B布‧C布‧厚紙板 各1片）

背鰭（B布‧C布‧厚紙板 各1片）

蚌殼

頭（A布‧鋪棉襯 各1片）

＊配合自己所準備的材料大小尋找合適的蚌殼

1 製作表層

A布　棉花　黏貼

厚紙板　0.8　厚紙板

布的裁法

糊份0.7　蚌殼　頭

厚紙板　表層　糊份1

糊份0.5　裡層

糊份0.5　不留糊份　胸鰭　背鰭　糊份0.5

2 製作背鰭‧尾鰭‧胸鰭

厚紙板　貼上B布

不留糊份　貼上C布

翻至正面　背鰭

用B布把厚紙板包起來　胸鰭　尾鰭

＊請參照左圖

3 製作魚頭

貼上眼睛

將鋪棉襯貼在蚌殼上，然後用A布包起來、黏好

4 在表層貼上各組件

頭　表層

把胸鰭夾進頭與身體表層之間

尾鰭　背鰭

5 製作並黏貼裡層

黏貼　裡層

將編織繩夾在中間

用A布把厚紙板包起來

手機吊飾繩（請參照47頁）

裡層

大功告成

第6頁作品 10 白狐仙

材料
A布（綴綢布：白色）10cm×10cm
B布（綴綢布：紅色）5cm×5cm
C布（絹布：金色）適量
D布（裡布）5cm×5cm
厚紙板 8cm×4cm
保麗龍球 直徑1cm 1個
編織繩 粗0.1cm（紅色）長4cm
25號繡線（紅色）
小圓珠（水藍色）2個
串珠 0.3cm（金色）1個
手機吊飾繩 1條
棉花
腮紅
木工用樹脂

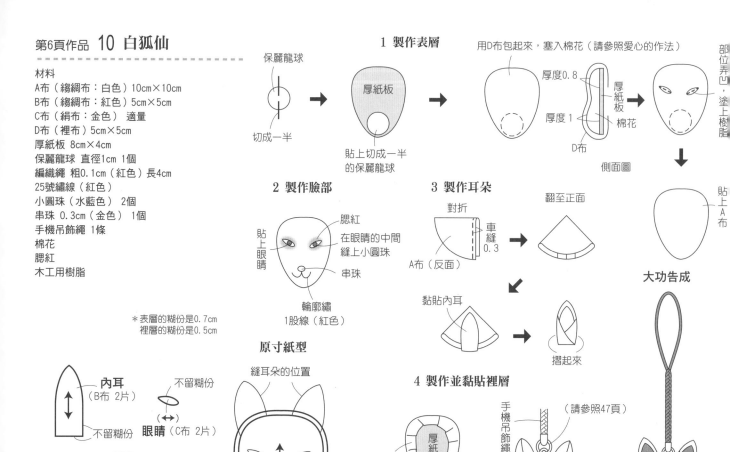

＊表層的糊份是0.7cm
　裡層的糊份是0.5cm

1 製作表層

用D布包起來，塞入棉花（請參照愛心的作法）

2 製作臉部

貼上眼睛
腮紅
在眼睛的中間縫上小圓珠
串珠
輪廓繡 1股線（紅色）

3 製作耳朵

對折
車縫0.3
A布（反面）
翻至正面
黏貼內耳
摺起來

4 製作並黏貼裡層

黏貼
厚紙板
手機吊飾繩
（請參照47頁）
耳朵
裡層

原寸紙型

縫耳朵的位置
表層（A布・D布・厚紙板 各1片）
裡層（B布・厚紙板 各1片）

內耳（B布 2片）不留糊份
眼睛（C布 2片）不留糊份
耳朵（A布 2片）不留縫份

大功告成

第7頁作品 11・12 愛心

作品11・12的材料〈1件的材料〉
A布（11麥斯林紗、12絹布：和風花色）10cm×5cm
小圓珠（11水藍色、12銀色）84個
厚紙板 8cm×4cm
手機吊飾繩 1條
2號魚線（透明色）長20cm
棉花
木工用樹脂

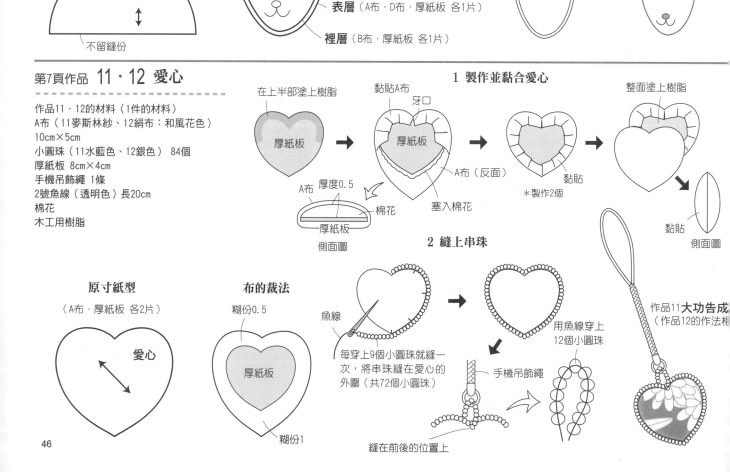

1 製作並黏合愛心

在上半部塗上樹脂
厚紙板
黏貼A布
牙口
厚紙板
A布（反面）
塞入棉花
黏貼
＊製作2個
整面塗上樹脂
黏貼
側面圖

2 縫上串珠

魚線
每穿上9個小圓珠就縫一次，將串珠縫在愛心的外圍（共72個小圓珠）
用魚線穿上12個小圓珠
手機吊飾繩
縫在前後的位置上

作品11 大功告成
（作品12的作法相）

原寸紙型
（A布・厚紙板 各2片）
愛心

布的裁法
糊份0.5
厚紙板
糊份1

第7頁作品 **13・14 日本草履**

作品13・14的材料〈1件的材料〉

布（13綯綢布：和風花色、
　14絹布：和風花色）10cm×10cm

布（13綯綢布：淺綠色、
　14綯綢布：和風花色）10cm×10cm

鋪棉襯　10cm×5cm

厚紙板　10cm×5cm

編織繩　粗0.1cm（13紅色；14黑色）長4cm

5號繡線（13紅色；14綠色）

手機吊飾繩　1條

木工用樹脂

原寸紙型

前端

（厚紙板3片）
（鋪棉襯2片）

腳跟

布的裁法

A布

厚紙板

草履上層

0.5

（糊份）

1（糊份）草履下層

草履帶的裁法

1.5

不留縫份

8

草履帶

B布
（1片）

1 製作草履上層

草履上層（反面）

厚紙板

鋪棉襯

厚紙板

在糊份塗上樹脂，並黏貼糊份（請參照39頁）

裁剪1片鋪棉襯

3　2

1/3

鋪棉襯

腳跟

1　2　3

疊合3片並黏貼

1/3　1/3　1/3

剪成不同的長度

2 製作草履下層

厚紙板

約0.3

約0.6

厚紙板

在鋪棉襯上下黏貼厚紙板

厚紙板

草履下層

在糊份上塗上樹脂，一邊將糊份剪出牙口，一邊黏貼糊份

3 製作並縫上草履帶

車縫

車縫0.5　（反面）　對折　對折邊

翻至正面

草履帶　縫上兩圈

繡線
（13紅色
14綠色・4股線）

草履上層　0.5

縫兩圈

在反面將繡線打結

4 處理草履帶的尾端

用錐子穿出大大的洞

1

0.5　0.5

固定草履帶

將草履帶穿進洞裡，並調整長度

將尾端貼在反面

5 黏合草履上下層

繩環
（4cm長的編織繩）

將繩環穿過手機吊飾繩的金屬環裡，然後將繩環夾進上下層中間

0.3

草履下層

作品14大功告成
（作品13的作法相同）

草履上層

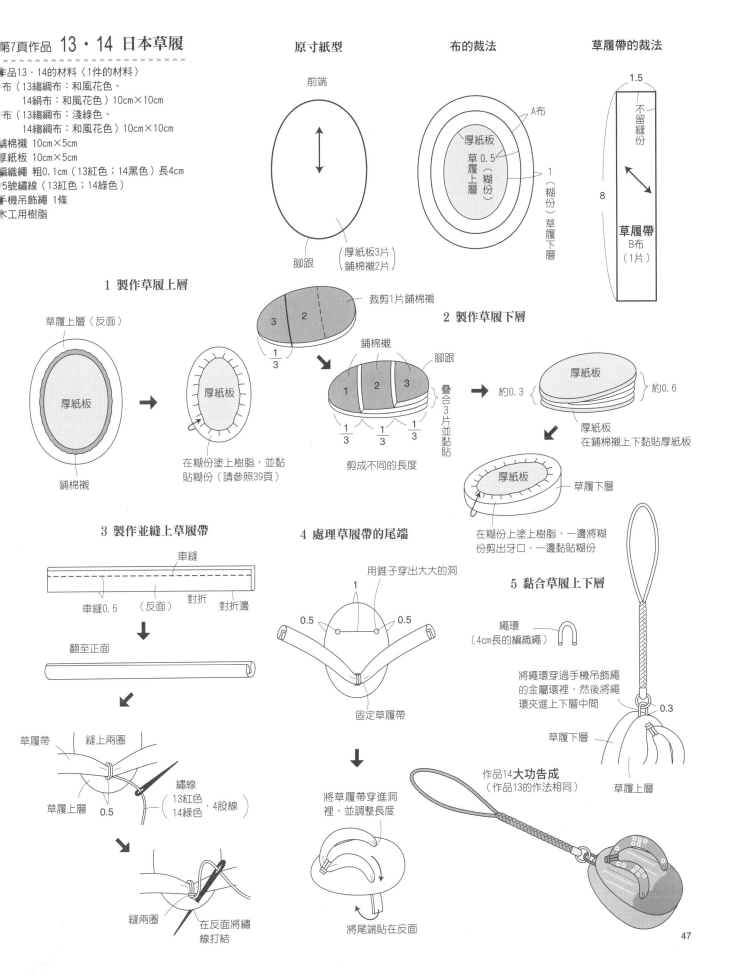

第7頁作品 15・16 葫蘆

作品15・16的材料〈1件的材料〉
A布（綯綢布：和風花色）10cm×7cm
鋪棉襯 10cm×10cm
厚紙板 7cm×5cm
編織繩 粗0.1cm（15紫色・16朱紅色）長35cm
木工用樹脂

原寸紙型 ＊糊份0.5cm

（A布・厚紙板 各1片・鋪棉襯 3片）

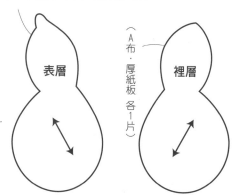

表層

（A布・厚紙板 各1片）

裡層

1 製作葫蘆表層

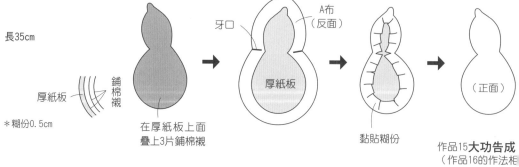

厚紙板 鋪棉襯

厚紙板

A布（反面）

牙口

A布（反面）

黏貼糊份

（正面）

在厚紙板上面疊上3片鋪棉襯

2 製作葫蘆裡層

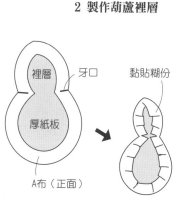

裡層

牙口

厚紙板

A布（正面）

黏貼糊份

3 貼合葫蘆的表層與裡層

裡層

塗上樹脂之後黏起來

作品15**大功告成**
（作品16的作法相同）

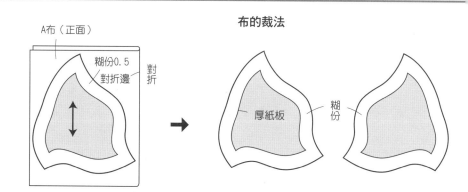

將編織繩對折之後再打結

第7頁作品 17・18 鴒鳥

作品17・18的材料〈1件的材料〉
A布（綯綢布：花朵圖案）10cm×6cm
鋪棉襯 10cm×5cm
厚紙板 10cm×5cm
編織繩A 粗0.1cm（17朱紅色・18藍色）
長15cm
編織繩B 粗0.1cm（深綠色）長3cm
25號繡線（深褐色）
木工用樹脂

A布（正面）

糊份0.5
對折邊
對折

布的裁法

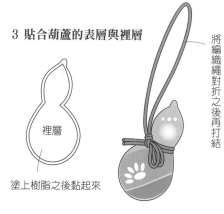

厚紙板

糊份

原寸紙型

表層・裡層
（A布・鋪棉襯・厚紙板 各2片）

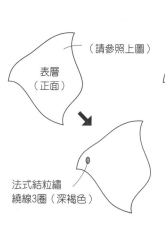

1 製作鴒鳥的表層・裡層

表層
（正面）

（請參照上圖）

法式結粒繡
繞線3圈（深褐色）

2 貼合鴒鳥的表層及裡層

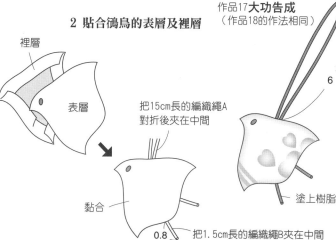

裡層

表層

把15cm長的編織繩A
對折後夾在中間

黏合

把1.5cm長的編織繩B夾在中間

0.8

作品17**大功告成**
（作品18的作法相同）

6

塗上樹脂

材料
表布（綯綢布：黑色）50cm×20cm
別布（綯綢布：紅色）50cm×20cm
鋪棉襯 60cm×20cm
薄紙襯 50cm×20cm
厚紙襯 15cm×10cm
拉鍊 長20cm 1條
臉（綯綢布：白色）7cm×7cm
帽子（綯綢布：紅色）10cm×10cm
眼睛（綯綢布：黑色）適量
25號繡線（深褐色・白色・粉紅色・紅色）
水兵帶 0.4cm×20cm
玻璃紗緞帶 1.7cm×25cm
木工用樹脂・腮紅

製圖

＊縫份1cm

袋布（表布・鋪棉襯 各2片）
中袋（別布・薄紙襯 各2片）

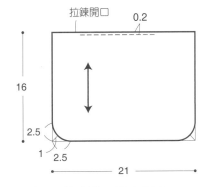

1 將鋪棉襯燙貼在袋布上，並縫上拉鍊

依照標記的位置裁剪及燙貼鋪棉襯

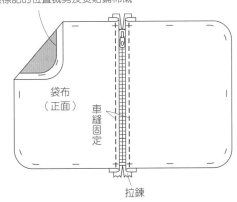

2 將袋布正面相對後，縫合外圍

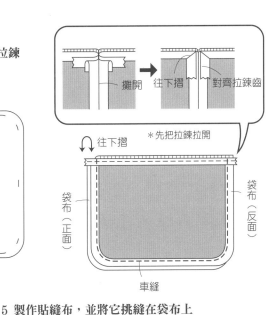

3 燙貼薄紙襯，製作中袋布

＊先把拉鍊拉開

4 對齊袋布與中袋，然後挑縫

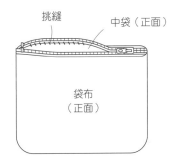

大功告成

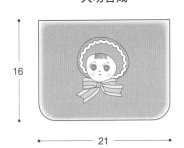

5 製作貼縫布，並將它挑縫在袋布上

貼上水兵帶
把深褐色繡線夾進帽子裡
輪廓繡 1股線（深褐色）
腮紅
捲線結粒繡 1股線・繞線12圈（紅色）
捲線結粒繡 1股線・繞線6圈（眼睛＝白色・鼻子＝粉紅色）
用樹脂黏貼
剪掉0.8
用長25cm的玻璃紗緞帶打個蝴蝶結

原寸紙型

＊未指定之糊份均為0.5cm

帽子（紅色）
3 眼睛（黑色）2片
上漿（請參照37頁）
不留糊份

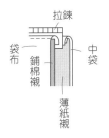

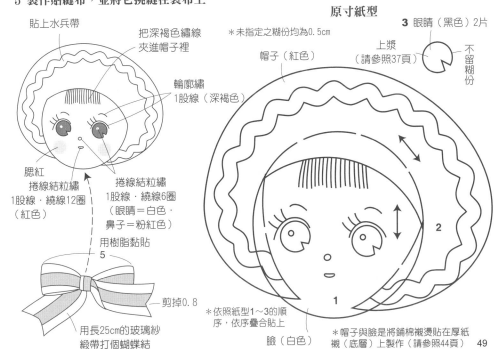

＊依照紙型1～3的順序，依序疊合貼上
臉（白色）
＊帽子與臉是將鋪棉襯燙貼在厚紙襯（底層）上製作（請參照44頁）

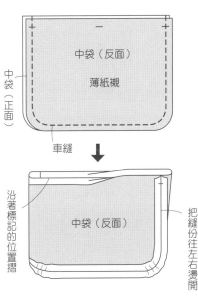

製圖

材料
表布（縐綢布：黑色）110cm×40cm
別布A（棉布：格紋）110cm×40cm
別布B（剩布：紅色）25cm×20cm
臉・耳朵（絹布：膚色）15cm×15cm
頭髮（縐綢布：褐色）5cm×5cm
眼睛（絹布：水藍色・縐綢布：白色）適量
貼縫布a・b（絹布：和風花色）5cm×5cm
鋪棉襯 90cm×30cm
薄紙襯 90cm×40cm
厚紙襯 15cm×10cm
暗扣 1組
25號繡線（白色・粉紅色・紅色・褐色）
木工用樹脂

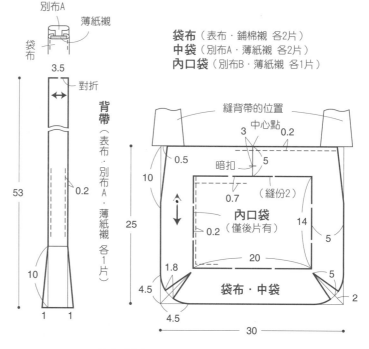

別布A
薄紙襯
袋布

背帶（表布・別布A・薄紙襯 各1片）

3.5
對折
53
0.2
10
1 1

袋布（表布・鋪棉襯 各2片）
中袋（別布A・薄紙襯 各2片）
內口袋（別布B・薄紙襯 各1片）

縫背帶的位置
中心點
3 0.2
0.5 暗扣 5
10 0.7 （縫份2）
內口袋（僅後片有）
0.2 14
1.8 5
4.5 袋布・中袋 5
4.5 2
20
25
30

* 未指定之縫份均為

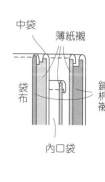
中袋
薄紙襯
袋布
鋪棉襯
內口袋

1 將鋪棉襯燙貼在袋布上

依照標記裁剪鋪棉襯，並將鋪棉襯燙貼在標記的位置上

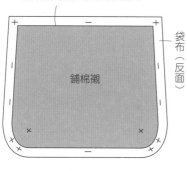
鋪棉襯
袋布（反面）

2 縫上尖褶

車縫
將兩條線一起打結，然後後剪掉
牙口
燙開

3 縫合兩片袋布，縫合外緣

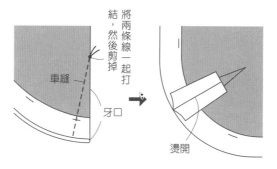
袋布（正面）
袋布（反面）
車縫
將縫份往左右兩邊燙開

4 縫製內口袋及中袋布

三折車縫
摺起來
1
1
將縫份往左右兩邊燙開

薄紙襯
中袋（正面）
內口袋（正面）
車縫
縫上尖摺，將縫份倒向中心側

中袋（正面）
中袋（反面）
車縫
保留15cm的返口不縫

5 縫製背帶

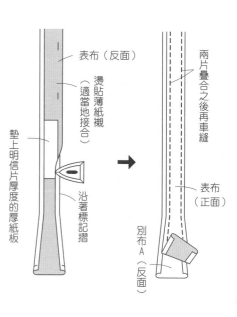
表布（反面）
燙貼薄紙襯（適當地接合）
墊上明信片厚度的厚紙板
沿著標記摺

兩片疊合之後再車縫
表布（正面）
別布A（反面）

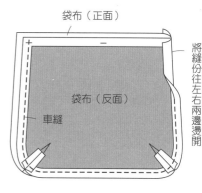

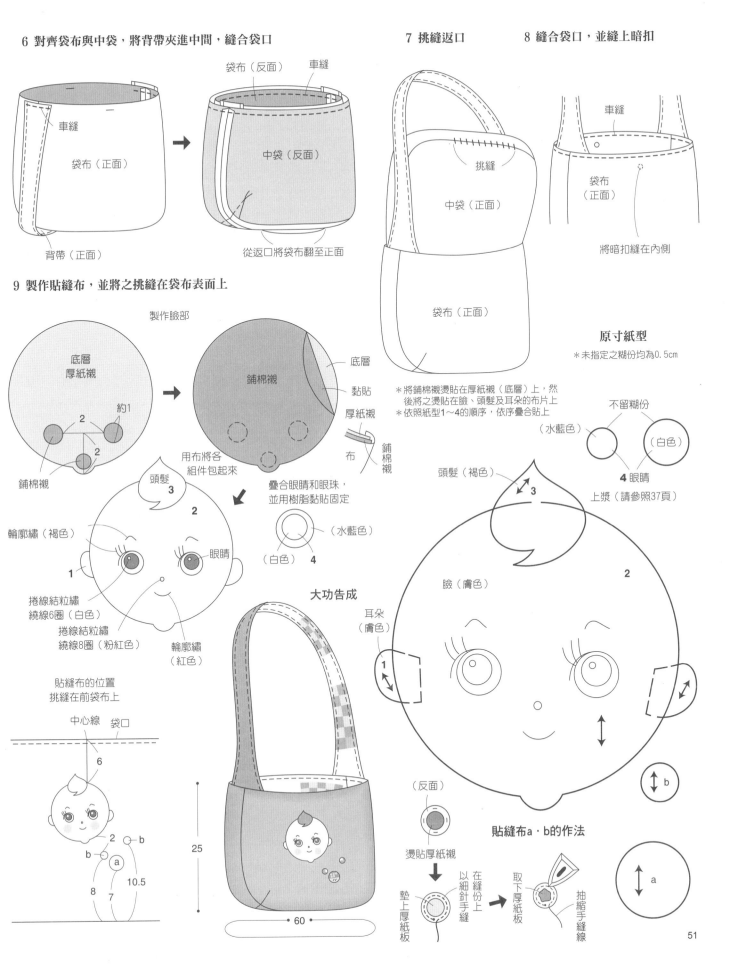

6 對齊袋布與中袋，將背帶夾進中間，縫合袋口

車縫
袋布（正面）
袋布（反面）
車縫
中袋（反面）
背帶（正面）
從返口將袋布翻至正面

7 挑縫返口　　　**8 縫合袋口，並縫上暗扣**

挑縫
中袋（正面）
袋布（正面）

車縫
袋布（正面）
將暗扣縫在內側

9 製作貼縫布，並將之挑縫在袋布表面上

製作臉部

底層
厚紙襯
約1
2
2
2
鋪棉襯

鋪棉襯
底層
黏貼
厚紙襯
布
鋪棉襯
用布將各組件包起來

頭髮 3
2
輪廓繡（褐色）
1
眼睛
捲線結粒繡
繞線6圈（白色）
捲線結粒繡
繞線8圈（粉紅色）
輪廓繡（紅色）

疊合眼睛和眼珠，並用樹脂黏貼固定
（水藍色）
（白色）4

大功告成

貼縫布的位置
挑縫在前袋布上

中心線　袋口
6
2　b
b　a
8　7　10.5

25
60

原寸紙型
＊未指定之糊份均為0.5cm

＊將鋪棉襯燙貼在厚紙襯（底層）上，然後將之燙貼在臉、頭髮及耳朵的布片上
＊依照紙型1～4的順序，依序疊合貼上

不留糊份
（水藍色）
（白色）
4 眼睛
上漿（請參照37頁）

頭髮（褐色）
3
臉（膚色）
2
耳朵（膚色）
1

（反面）
b
a

燙貼厚紙襯
貼縫布a・b的作法
墊上厚紙板
以細針手縫
在縫份上
取下厚紙板
抽縮手縫線

51

材料
表布（麻布：淺綠色）40cm×90cm
別布（棉布：印花布）35cm×50cm
身體・臉・尾巴（綯綢布：黑色）
20cm×20cm
眼睛・鼻子（綯綢布：白色、水藍色、
藍色、土黃色）適量
項圈（綯綢布：和風花色）3cm×5cm
紙襯 40cm×90cm
厚紙襯 20cm×15cm
鋪棉襯 20cm×15cm
提把（竹製）1組
木工用樹脂

＊未指定之縫份均為1cm

袋布（表布・紙襯　各1片）
中袋（別布　1片）
口袋（表布・紙襯　各1片）

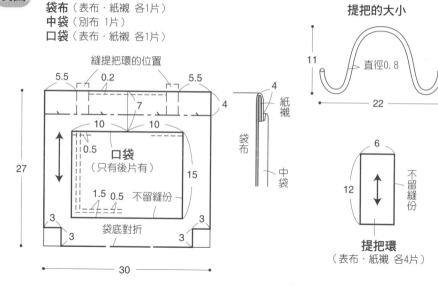

提把的大小

提把環
（表布・紙襯　各4片）

1 製作並縫上口袋

2 縫合袋布的側邊，縫出袋身厚度

3 縫合中袋的側邊，縫出袋身厚度

4 製作提把環

5 裝上提把
6 對齊袋布與中袋，以挑縫縫合兩者

**7 製作貼縫布，並將
　它挑縫在袋布上**

6 繞上項圈

＊依照紙型1〜6的順
　序，依序疊合貼上

原寸紙型
（53頁）

項圈
（朱紅色）

大功告成

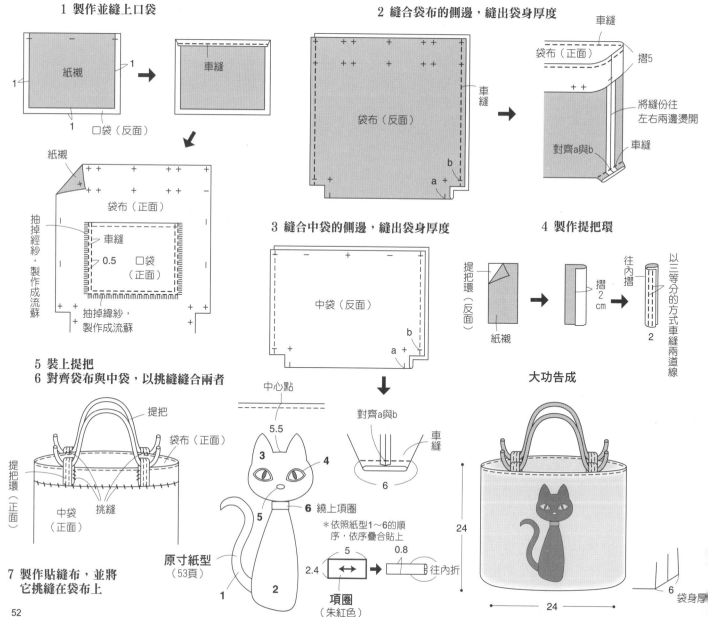

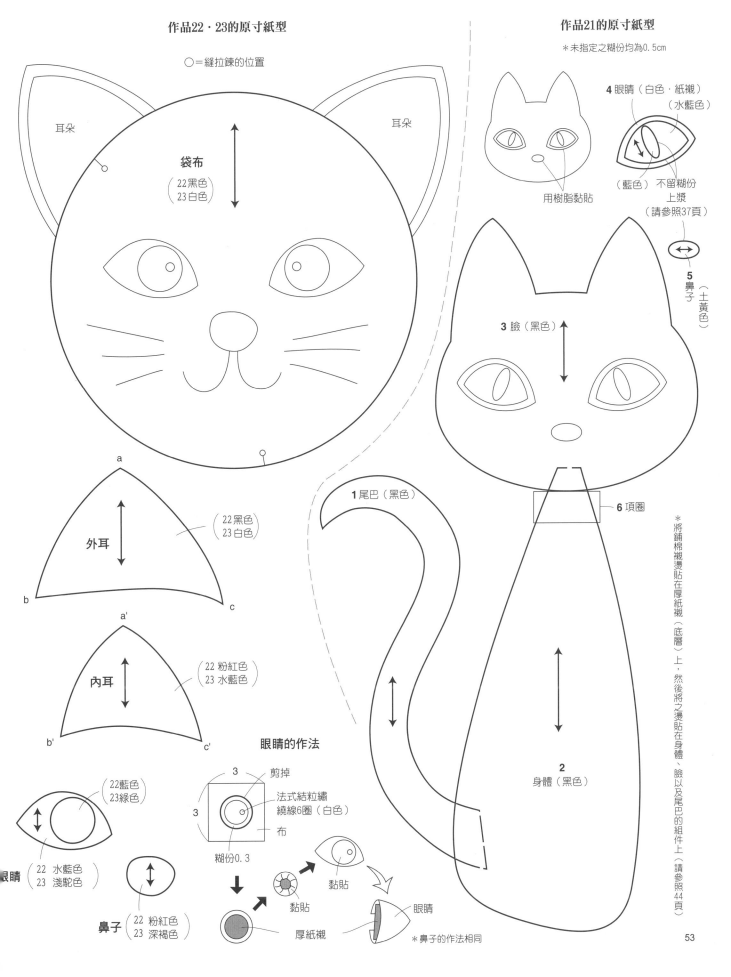

作品22・23的原寸紙型

○＝縫拉鍊的位置

耳朵　　　　　　　　　　　　　耳朵

袋布
（22黑色）
（23白色）

作品21的原寸紙型

＊未指定之糊份均為0.5cm

4 眼睛（白色・紙襯）
（水藍色）

用樹脂黏貼

（藍色）不留糊份
上漿
（請參照37頁）

5 鼻子
（土黃色）

3 臉（黑色）

a

外耳
（22黑色）
（23白色）

b　　　　　　　　　c

a'

內耳
（22 粉紅色）
（23 水藍色）

b'　　　　　　　c'

1 尾巴（黑色）

6 項圈

＊將鋪棉襯燙貼在厚紙襯（底層）上，然後將之燙貼在身體、臉以及尾巴的組件上（請參照44頁）

眼睛的作法

（22藍色）
（23綠色）

3

3　剪掉

法式結粒繡
繞線6圈（白色）

布

糊份0.3

2
身體（黑色）

眼睛
（22 水藍色）
（23 淺駝色）

鼻子（22 粉紅色）
（23 深褐色）

黏貼

黏貼

厚紙襯

眼睛

＊鼻子的作法相同

53

作品22・23的材料〈1件的材料〉
甲布（綢綢布：22黑色・23白色）35cm×15cm
乙布（絹布：22粉紅色・23水藍色）15cm×7cm
丙布（絹布：紅色）30cm×15cm
眼睛（絹布：22水藍色・23淺駝色）8cm×3cm
眼珠（絹布：22藍色・23綠色）6cm×3cm
鼻子（絹布：22粉紅色・23深褐色）6cm×3cm
紙襯 30cm×15cm
厚紙襯 5cm×5cm
鋪棉襯 25cm×15cm
隱形拉鍊 長20cm 1條
25號繡線（金色・淡粉紅色・桃紅色・白色）
棉花
木工用樹脂

布的裁法 ＊原寸紙型（請參照53頁）

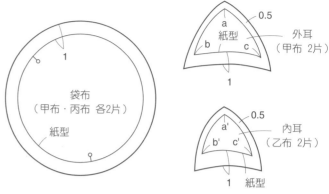

袋布
（甲布・丙布 各2片）
紙型

外耳
（甲布 2片）
紙型 a b c 0.5

內耳
（乙布 2片）
a' b' c' 0.5
紙型

1 製作表袋布

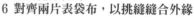

紙襯
甲布（反面）

疊上並燙貼鋪棉襯

外圈縫上疏縫後，調整形狀
0.5

2 製作並縫上耳朵

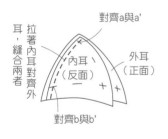

對齊a與a'
內耳（反面）
外耳（正面）
對齊b與b'
拉著內耳對齊外耳，縫合兩者

對齊c與c'
塞入薄薄的一層棉花
縫起來

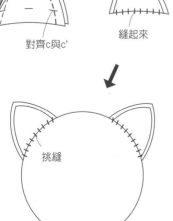
挑縫

3 製作眼睛・鼻子（請參照53頁），
並且將之挑縫在臉上
4 繡上嘴巴和鬍鬚

輪廓繡
1股線（金色）

輪廓繡
22 淡粉紅色
23 桃紅色

5 縫上隱形拉鍊
6 對齊兩片表袋布，以挑縫縫合外緣

隱形拉鍊
挑縫

7 製作裡袋布，並將裡袋布挑縫在表袋布上

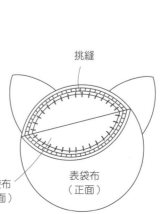

（背面）
縫起來
丙布（正面）

挑縫
裡袋布（正面）
表袋布（正面）

作品22**大功告成**
（作品23的作法相同）

直徑10

第12頁作品 **24 山茶花小盒**

材料
A布（縐綢布：黑色）40cm×15cm
B布（縐綢布：紅色）15cm×15cm
C布（棉布：紅色）15cm×15cm
D布（絹布：和風花色）40cm×25cm
甲布（縐綢布：白色）10cm×10cm
乙布（縐綢布：綠色）10cm×5cm
丙布（縐綢布：黃色）5cm×5cm
丁布（絹布：白色）5cm×5cm
鋪棉襯 40cm×15cm
B4厚紙板 1張
瓦楞紙 25cm×10cm
木工用樹脂

第13頁作品 **29 友禪綢小盒**

材料
A布（縐綢布：藏青色）40cm×10cm
B布（棉布：友禪染圖樣）15cm×15cm
C布（棉布：紅色）15cm×15cm
D布（絹布：花朵圖樣）40cm×25cm
E布（縐綢布：水藍色）40cm×10cm
鋪棉襯 40cm×15cm
B4厚紙板 1張
瓦楞紙 25cm×10cm
木工用樹脂

上方數字＝作品24（山茶花）
下方數字＝作品29（友禪綢）
只有一個數字的則為兩者共通

大功告成

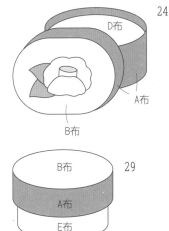

製圖
＊糊份1cm

盒蓋　外（B布‧鋪棉襯 厚紙板 各1片）
　　　內（D布‧厚紙板‧瓦楞紙 各1片）

內盒蓋側面（D布‧厚紙板 各1片）
2
3　　32.9

內盒身側面（D布‧厚紙板 各1片）
4
5　　30.5

盒底　外（C布‧厚紙板 各1片）
　　　內（D布‧厚紙板 瓦楞紙 各1片）

外盒蓋側面（A布‧鋪棉襯‧厚紙板 各1片）
2.5
3.5　　33.7

外盒身側面　24（A布‧厚紙板 各1片）
　　　　　　　　29（E布‧厚紙板 各1片）
4.5
5.5　　31.3

＊盒子的作法（請參照34～37頁的步驟）

丙布需上漿
（37頁）

山茶花的作法（請參照87頁）
＊依照紙型1～5的順序，依序疊合貼上

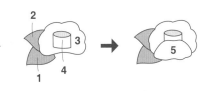

疊合黏貼
丁布
2
1
4
3
5

＊花的部分是將鋪棉襯燙貼在厚紙板上

作品24‧29的原寸紙型

盒蓋
盒底

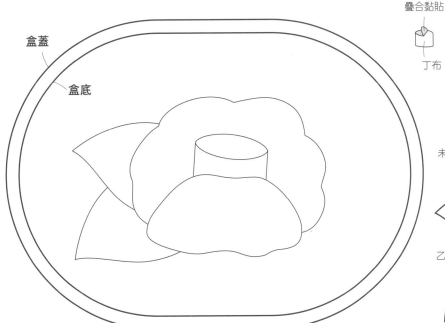

作品24的原寸紙型

未標示的部分是甲布
不留糊份
丙布
丁布
乙布
2
4
3
1
5

＊貼縫布未標示的糊份是0.7cm

第12頁作品 **26 葡萄小盒**

材料
A布（綢緞布：紫色）40cm×10cm
B布（絹布：苔綠色）40cm×10cm
C布（棉布：紅色）15cm×15cm
D布（麥斯林紗：和風花色）30cm×15cm
E布（綢緞布：淺駝色）15cm×15cm
F布（絹布：紅色）40cm×15cm
甲布（綢緞布：綠色）10cm×10cm
乙布（綢緞布：藍色）
丙布（綢緞布：紫色）
丁布（綢緞布：淺紫色） 各5cm×5cm
編織繩 粗0.1cm（土黃色）長2cm
鋪棉襯 40cm×15cm
A3厚紙板 1張
瓦楞紙 15cm×30cm

第12頁作品 **27 鈴鐺小盒**

材料
A布（綢緞布：條紋）40cm×30cm
B布（綢緞布：淺駝色）40cm×10cm
C布（棉布：白色斑紋）15cm×15cm
D布（絹布：梅花圖案）40cm×30cm
甲布（聚酯纖維：和風花色）8cm×8cm
乙布（聚酯纖維：和風花色）6cm×6cm
編織繩 粗0.2cm（朱紅色）長10cm
鋪棉襯 40cm×20cm
A3厚紙板 1張
瓦楞紙 15cm×30cm

上方數字＝作品26（葡萄）
下方數字＝作品27（鈴鐺）
只有一個數字則為兩者共通

第13頁作品 **28 帶地布小盒**

材料
A布（絹布：淺駝色）25cm×30cm
B布（棉布：紅色）15cm×15cm
C布（絹布：綠色）25cm×30cm
D布（帶地布（用來製作和服腰帶的布料））15cm×15cm
E布（絹布：印花）40cm×30cm
鋪棉襯 25cm×30cm
B4厚紙板 1張
瓦楞紙 10cm×20cm

大功告成

＊原寸紙型及作法與12頁的作品25相同（請參照34～37頁的步驟）

26外（E布・鋪棉襯 厚紙板 各1片）
27外（A布・鋪棉襯 厚紙板 各1片）
內（D布・厚紙板 瓦楞紙 各1片）

盒蓋

外（C布・厚紙板 各1片）
內（D布・厚紙板 瓦楞紙 各1片）

盒底

內盒蓋側面 26（F布・厚紙板 各1片）
27（D布・厚紙板 各1片）

2.5
2
35

外盒蓋側面（A布・鋪棉襯・厚紙板 各1片）
3
2.5 ←26   ↙27
35.8

＊盒子的作法
（請參照34～37頁的步驟）

製圖
＊糊份1cm

內盒身側面 26（F布・厚紙板 各1片）
27（D布・厚紙板 各1片）
5
4.5
32.3

外盒身側面（B布・厚紙板 各1片）
5.5
5
33.1

大功告成

27
D布
B布
A布
2
將編織繩打結，並將繩尾剝開成流蘇狀
倒向中央的方向

A布
E布
F布
B布
26

盒蓋
盒底
作品26・27的原寸紙型
編織繩

27
鈴鐺 甲布
乙布

葉子 甲布
26

不留糊份
上漿（請參照37頁）
果實 甲～丁布 9片

＊貼縫布未標示的糊份是0.7cm

作品30的材料
A布（棉布：柿子色）35cm×20cm
B布（棉布：和風花色）20cm×20cm
C布（棉布：紅色）40cm×20cm
紙襯 40cm×20cm
編織繩 粗0.1cm（胭脂紅色）長25cm
葉子（縐綢布：深褐色・金褐色） 各7cm×5cm
橡果（縐綢布：深褐色・金褐色） 各5cm×3cm
厚紙板 7cm×10cm
繡線（柿子色・金褐色）
棉花
木工用樹脂

作品31的材料
A布（麻布：淺駝色）35cm×20cm
B布（棉布：和風花色）20cm×20cm
C布（棉布：紅色）40cm×20cm
紙襯 40cm×20cm
編織繩 粗0.1cm（綠色）長25cm
編織繩 粗0.1cm（黃綠色）長5cm
酸漿果的果實（絞染絹布：朱紅色）10cm×10cm
酸漿果的苞葉（縐綢布：和風花色）10cm×10cm
厚紙板 7cm×10cm
木工用樹脂

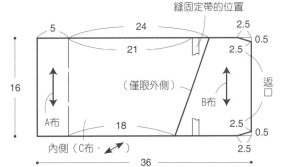

製圖 外側（A布・B布・紙襯 各1片）
內側（C布 1片）

＊未指定之縫份均為1cm

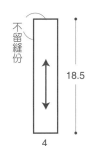

固定帶（B布 1片）

縫固定帶的位置
5　24　2.5
21　0.5
2.5
16　（僅限外側）　B布　返口
18　2.5
0.5
2.5
內側（C布・　）
36
4　18.5
不留縫份

1 縫合A・B布

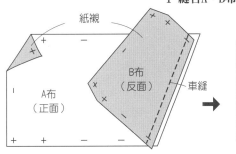

紙襯
B布（反面）
A布（正面）
車縫
B布（反面）　A布（反面）

2 縫合A布與C布

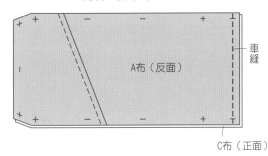

A布（反面）
車縫
C布（正面）

3 縫製固定帶

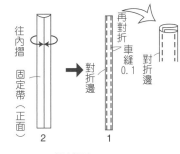

往內摺　固定帶（正面）　對折邊
再對折　車縫0.1　對折邊
2　1

4 保留返口暫時不縫，縫合外圍

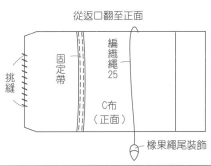

編織繩　A布（正面）　固定帶（正面）　B布（正面）
11.5
5　車縫
C布（反面）　返口

5 挑縫返口
6 製作並縫上繩尾裝飾

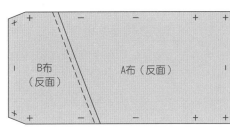

從返口翻至正面
挑縫　固定帶　編織繩 25　C布（正面）
橡果繩尾裝飾

作品31的酸漿果繩尾裝飾

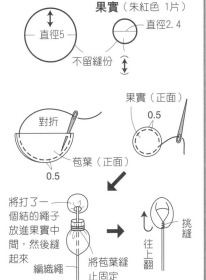

苞葉（和風花色 1片）
直徑5
不留縫份

果實（朱紅色 1片）
直徑2.4

果實（正面）
0.5
對折
苞葉（正面）
0.5

將打了一個結的繩子放進果實中間，然後縫起來
將苞葉縫止固定
編織繩
往上翻
挑縫

作品30的原寸紙型

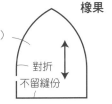

橡果
A（深褐色 1片）
對折
不留縫份

作品30的橡果繩尾裝飾

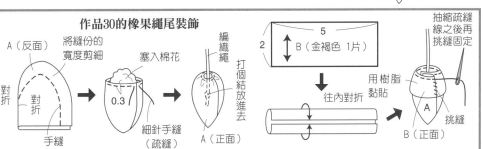

A（反面）
將縫份的寬度剪細
對折　對折　手縫
塞入棉花
0.3
細針手縫（疏縫）
編織繩
打個結放進去
A（正面）

5
2　B（金褐色 1片）
往內對折

抽縮疏縫線之後再挑縫固定
用樹脂黏貼
A　挑縫
B（正面）

7 製作押繪，並將押繪黏貼在書套外側

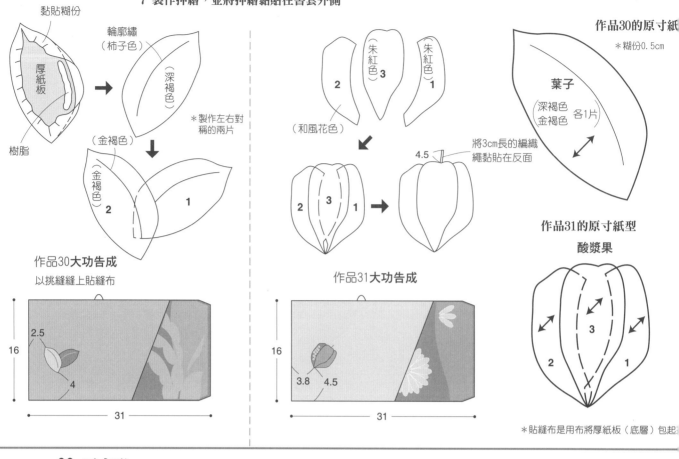

黏貼糊份

輪廓繡（柿子色）

厚紙板

（深褐色）

樹脂

（金褐色）

＊製作左右對稱的兩片

（金褐色）2

1

作品30的原寸紙

＊糊份0.5cm

葉子

（深褐色 金褐色 各1片）

（朱紅色）3　（朱紅色）1

2

（和風花色）

4.5

將3cm長的編織繩黏貼在反面

2　3　1

作品30**大功告成**

以挑縫縫上貼縫布

2.5

16

4

31

作品31**大功告成**

16

3.8　4.5

31

作品31的原寸紙型

酸漿果

3

2　1

＊貼縫布是用布將厚紙板（底層）包起

第17頁作品 **33 正方形**

材料

A布（縐綢布：和風花色）90cm×25cm
B布（縐綢布：白色）35cm×25cm
C布（毛料：淺駝色）40cm×25cm
D布（毛料：深褐色）35cm×25cm
E布（棉布：紅色素面）35cm×55cm
紙襯 90cm×35cm
鋪棉襯 90cm×20cm
提把（籐製） 1組

袋布

＊未指定之縫份均為1cm

提把環
（B布・鋪棉襯 各4片）

1.8

6.5

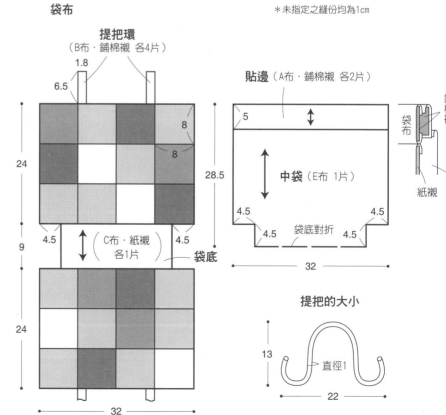

貼邊（A布・鋪棉襯 各2片）

5

中袋（E布 1片）

鋪棉襯

袋布

紙襯

8

8

24

4.5　（C布・紙襯 各1片）　4.5

袋底

4.5　4.5　袋底對折　4.5　4.5

32

28.5

9

24

32

布片 24片

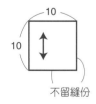

10

10

不留縫份

A布	鋪棉襯	11片
B布		4片
C布	紙襯	4片
D布		5片

提把的大小

13

直徑1

22

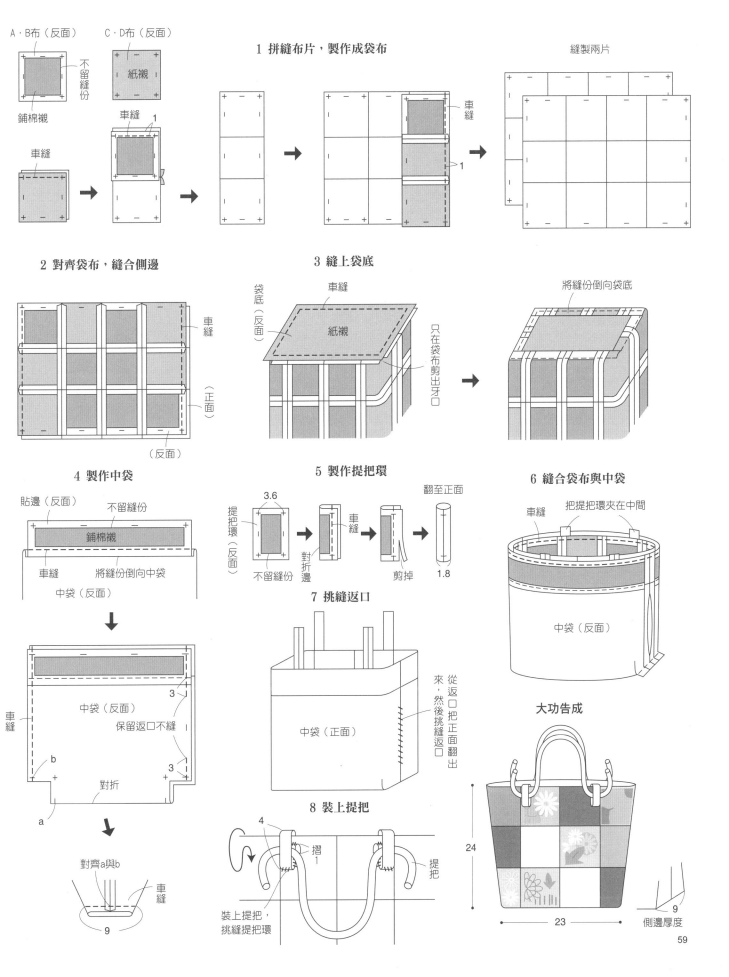

A·B布（反面）　C·D布（反面）

不留縫份
鋪棉襯
紙襯
車縫
車縫　1

1 拼縫布片，製作成袋布

縫製兩片

車縫
1

2 對齊袋布，縫合側邊

車縫
正面
（反面）

3 縫上袋底

袋底（反面）
車縫
紙襯
只在袋布剪出牙口

將縫份倒向袋底

4 製作中袋

貼邊（反面）
不留縫份
鋪棉襯
車縫
將縫份倒向中袋
中袋（反面）

中袋（反面）
車縫
保留返口不縫
3
3
b
對折
a

對齊a與b
車縫
9

5 製作提把環

翻至正面

3.6
提把環（反面）
不留縫份
對折邊
車縫
剪掉
1.8

7 挑縫返口

中袋（正面）
從返口把正面翻出來，然後挑縫返口

8 裝上提把

4
摺1
提把
裝上提把，挑縫提把環

6 縫合袋布與中袋

車縫
把提把環夾在中間
中袋（反面）

大功告成

24
23
9
側邊厚度

第16頁作品 32 愛心

材料
表布（麻布：米白色）110cm×45cm
別布A（棉布：綠色）90cm×65cm
別布B（棉布：和風花色）25cm×25cm
貼縫布（棉布：和風花色）5.5cm×6.5cm×22片
薄紙襯 50cm×85cm
厚紙襯 45cm×40cm

＊未指定之縫份均為1cm

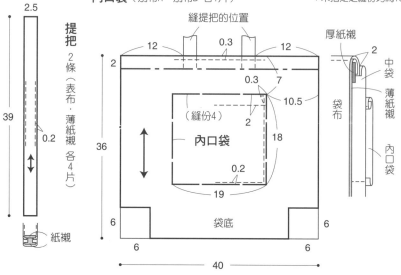

袋布（表布・薄紙襯 各2片）
中袋（別布A 2片）
內口袋（別布A・別布B 各1片）

提把
2條（表布・薄紙襯 各4片）

2.5
39
0.2
紙襯

縫提把的位置
12　0.3　12
2　　　　0.3　7　　　2
10.5
（縫份4）　2
內口袋　　　18
0.2
19
36
袋底
6　　　　6
6　　　　6
40

厚紙襯
中袋
薄紙襯
袋布
內口袋

1 將薄紙襯燙貼在袋布上

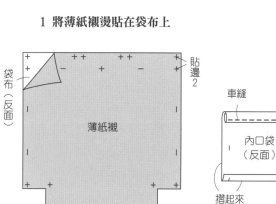

貼邊2
袋布（反面）
薄紙襯

2 製作內口袋，並將內口袋縫在中袋上

車縫
內口袋（反面）
摺起來

中袋（正面）
內口袋（正面）
車縫

＊以相同方式製作另外一片

3 縫製提把

不留縫份
薄紙襯
提把（反面）
摺起來

將兩片重疊之後再車縫　0.2

＊製作兩條

4 將提把夾在中間，縫合袋布・中袋

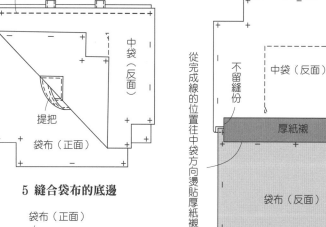

將提把夾在中間之後再車縫
中袋（反面）
提把
袋布（正面）

5 縫合袋布的底邊

袋布（正面）
車縫
袋布（反面）

6 在袋口及袋底燙貼厚紙襯

中袋（反面）
不留縫份
厚紙襯
袋布（反面）
倒向中袋
5
從完成線的位置往中袋方向燙貼厚紙襯
把袋底的縫份往左右兩邊燙平
在袋底燙貼厚紙襯
不留縫份　12
沿著袋底的縫線往上摺

7 縫合側邊，並且縫出側邊厚度
8 挑縫返口

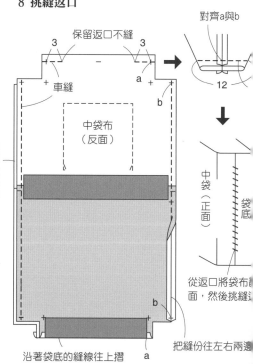

保留返口不縫
3　　　3
車縫
中袋（正面）
中袋布（反面）
a
b
對齊a與b
12
中袋（正面）
袋底
b
a
從返口將袋布翻面，然後挑縫返口
把縫份往左右兩邊

9 拼縫貼縫布，完成後將之挑縫在表袋布上

大功告成

布片
（裁剪22片）

5.5

6.5

不留縫份

剪掉

0.8（縫份）

4.5 3.5

拼縫布片

（反面）

厚紙襯

前袋布
（正面）

車縫

7

挑縫

沿著完成線往內摺

30

28

12

側邊厚度

原寸紙型

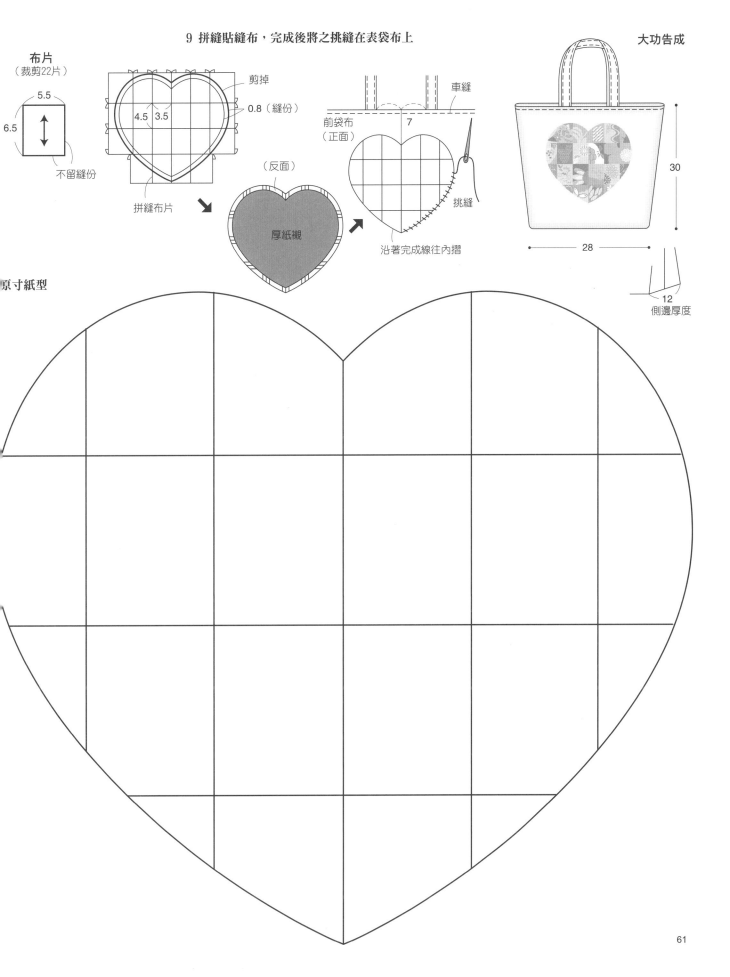

第18頁作品 **34 斜紋拼接**　　**製圖**

材料
表布（麻布：淺駝色）15cm×40cm
別布A（棉布：靛色）70cm×20cm
別布B（棉布：條紋）30cm×15cm
別布C（棉布：藏青色）30cm×55cm
別布D（棉布：靛色）20cm×10cm
甲布（棉布：藏青色）45cm×15cm
乙布（棉布：條紋）20cm×15cm
丙布（棉布：藏青色）20cm×10cm
丁布（棉布：黃條紋）20cm×15cm
戊布（棉布：靛條紋）20cm×15cm
蠟皮繩 粗0.2cm（藏青色）長1m20cm

袋布
穿蠟皮繩的布環
（別布A・↔）
1 對折邊 2.5
3 （別布A） 3
8.5
10
4 乙 11
14.5 甲
6
1.5 丙
1.5 丁 8.9
37 戊
11.3 16.5
乙 4
甲
11.5
3 （別布A） 3
8.5
24

貼邊（別布B 2片）
3
27 中袋（別布C 1片）
對折
1.5
1.5
24
袋布

蠟皮繩
長=60×2條 粗=0.2

直徑7
繩尾裝飾（別布D 2片）
不留縫份

1 拼縫布片，製作成袋布

甲 乙
丙
丁
戊
甲
乙

表布（正面）
車縫

車縫
別布A（反面）

別布A（正面）

2 縫合袋布側邊，並縫出側邊厚度

對齊a與b
對折 對折邊 a b
車縫

3 縫製中袋（請參照59頁）

貼邊（反面）
中袋（反面）
3
返口
3
縫份往左右兩邊燙平
車縫

4 製作並縫上穿蠟皮繩的布環（請參照63頁）

假縫（暫時固定）
袋布（正面）
對折
7

5 縫合袋布與中袋，並挑縫返口

車縫 袋布（反面）
貼邊（反面）
中袋（反面）

中袋（正面）
從返口翻出正面，然後以挑縫縫合返口
側邊厚
3

5 穿上蠟皮繩，製作並縫上繩尾裝飾

蠟皮繩的穿法
打結

對折 0.5
（正面）
細針手縫（疏縫）

抽縮後縫止固定
蠟皮繩

挑縫
往上翻

大功告成

24
25.5

35 四角拼接

材料

A布（麻布：淺駝色）40cm×30cm
B布（棉布：靛色）40cm×10cm
C布（麻布：靛色）30cm×10cm
D布（棉布：靛色）10cm×10cm
E布（棉布：條紋）40cm×10cm
F布·G布（棉布：條紋）各30cm×10cm
H布（棉布：靛色）40cm×25cm
I布（棉布：印花）40cm×20cm
J布（棉布：藏青色）35cm×50cm

紙襯 90cm×45cm
提把（竹製）1組

∗未指定之縫份均為1cm

製圖

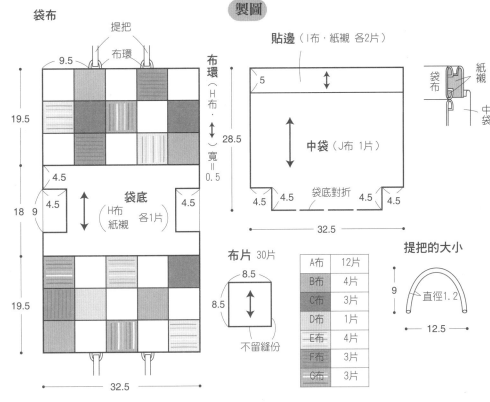

袋布

提把
布環
9.5
19.5
4.5
18　9　4.5
袋底（H布 紙襯 各1片）
4.5
19.5
32.5

布環（H布·紙襯）長↕ 寬＝0.5
28.5

貼邊（I布·紙襯 各2片）
5
中袋（J布 1片）
4.5　4.5　袋底對折　4.5　4.5
32.5

袋布　紙襯　袋布　中袋

布片 30片
8.5
8.5
不留縫份

A布	12片
B布	4片
C布	3片
D布	1片
E布	4片
F布	3片
G布	3片

提把的大小
9　直徑1.2
12.5

1 拼縫布片，製作成袋布
（請參照59頁）
2 縫合袋布與袋底

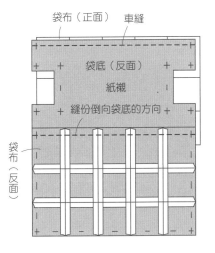

袋布（正面）　車縫
袋底（反面）
紙襯
縫份倒向袋底的方向
袋布（反面）

3 縫合袋布的側邊，並縫出側邊厚度

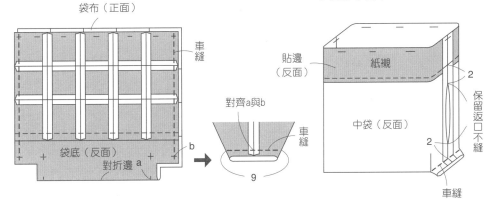

袋布（正面）
車縫
袋布（反面）
對折邊 a
對齊a與b
對齊a與b
車縫
b
9

4 製作中袋布（請參照59頁）

貼邊（反面）
紙襯
中袋（反面）
保留返口不縫
2
2
車縫

5 製作並縫上布環

布環
2
24

0.5
車縫0.1
剪斷

假縫
1.5
布環
提把

6 縫合袋布與中袋，挑縫返口

車縫
貼邊（反面）
袋布（正面）
中袋（反面）

袋布（正面）
貼邊（正面）
中袋（正面）
從返口翻出正面，然後挑縫返口

大功告成

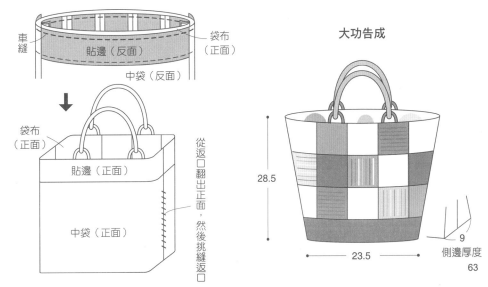

28.5
23.5
9
側邊厚度

63

材料
表布（玻璃紗：水藍色）55cm×25cm
別布A（絹布：白色）55cm×25cm
別布B（棉質蕾絲布：白色）55cm×20cm
裡布（白色）55cm×35cm
甲布・乙布（縐綢布：紅色・
黑色和風花色）各10cm×10cm
厚紙襯・鋪棉襯 各適量
蠟皮繩 粗0.2cm（藏青色）長1m40cm
25號繡線（黑色・白色）
木工用樹脂

製圖　＊未指定之縫份均為1cm　　繩尾裝飾（別布B 2片）

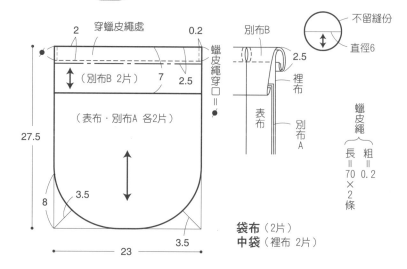

袋布（2片）
中袋（裡布 2片）

原寸紙型
＊糊份0.5cm

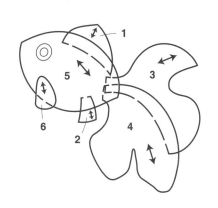

1 製作袋布

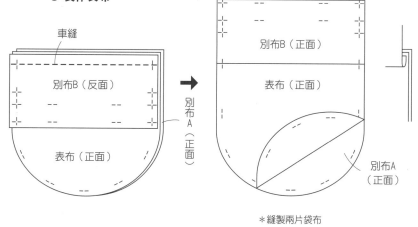

＊縫製兩片袋布

2 縫合袋布外緣

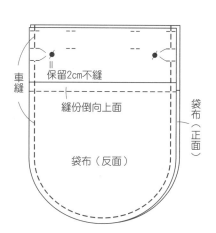

3 縫製中袋

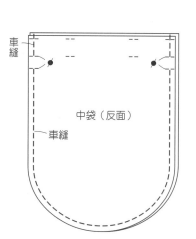

4 縫合袋布與中袋，並縫牢蠟皮繩穿口
5 縫合袋口

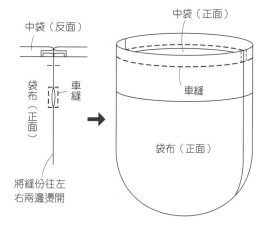

6 穿上蠟皮繩，製作並縫上繩尾裝飾（請參照41頁）

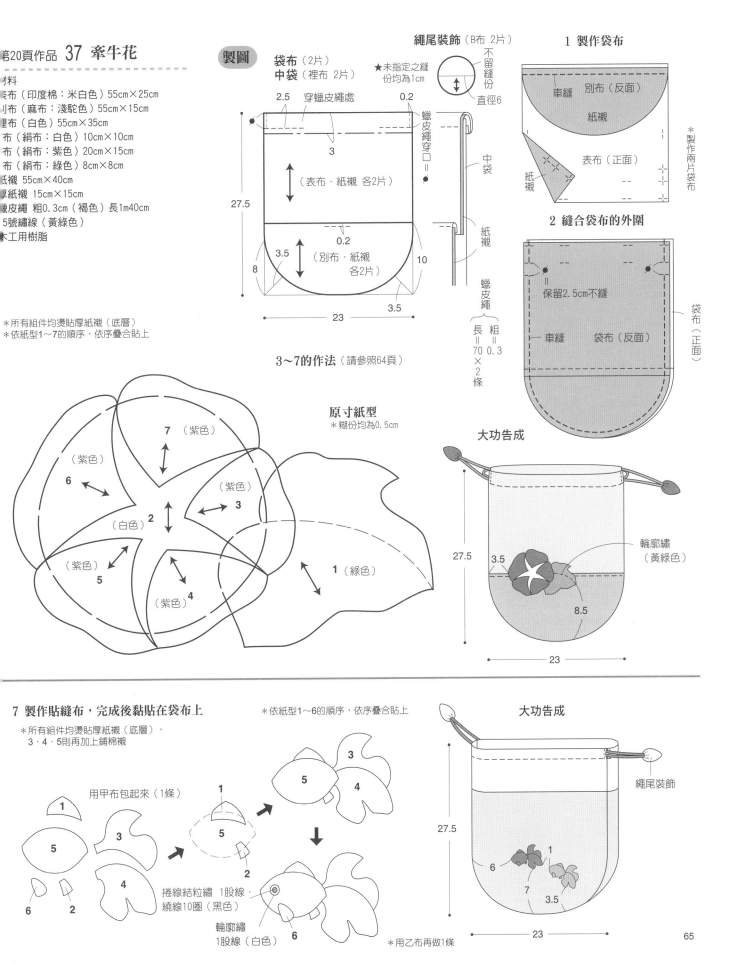

第20頁作品 **37 牽牛花**

材料
長布（印度棉：米白色）55cm×25cm
別布（麻布：淺駝色）55cm×15cm
裡布（白色）55cm×35cm
布（絹布：白色）10cm×10cm
布（絹布：紫色）20cm×15cm
布（絹布：綠色）8cm×8cm
紙襯 55cm×40cm
厚紙襯 15cm×15cm
蠟皮繩 粗0.3cm（褐色）長1m40cm
5號繡線（黃綠色）
工用樹脂

＊所有組件均燙貼厚紙襯（底層）
＊依紙型1～7的順序，依序疊合貼上

製圖

袋布（2片）
中袋（裡布 2片）

繩尾裝飾（B布 2片）
不留縫份
直徑6

2.5　穿蠟皮繩處　0.2
蠟皮繩穿口
3
27.5
（表布・紙襯 各2片）
0.2
3.5
（別布・紙襯 各2片）
8
10
3.5
23

中袋
紙襯
蠟皮繩
（長＝70 粗0.3 ×2條）

★未指定之縫份均為1cm

1 製作袋布

車縫　別布（反面）
紙襯
表布（正面）
紙襯
＊製作兩片袋布

2 縫合袋布的外圍

保留2.5cm不縫
車縫　袋布（反面）
袋布（正面）

3～7的作法（請參照64頁）

原寸紙型
＊糊份均為0.5cm

7（紫色）
（紫色）
6
（紫色）
2（白色）
3
5
4（紫色）
（紫色）
1（綠色）

大功告成

輪廓繡（黃綠色）
27.5
3.5
8.5
23

---

7 製作貼縫布，完成後黏貼在袋布上

＊所有組件均燙貼厚紙襯（底層），
　3・4・5則再加上鋪棉襯

＊依紙型1～6的順序，依序疊合貼上

用甲布包起來（1條）
1
5
3
2
6
4
1
5
2
5
3
4

捲線結粒繡 1股線・
繞線10圈（黑色）
輪廓繡
1股線（白色）
6

大功告成

繩尾裝飾
27.5
6
1
7
3.5
23

＊用乙布再做1條

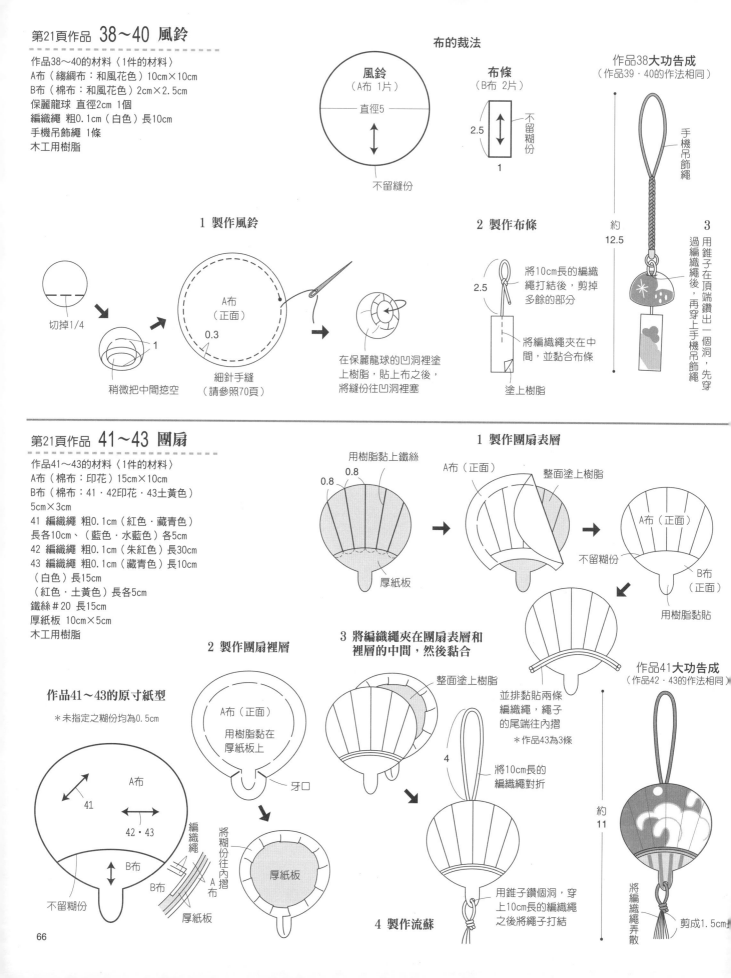

第21頁作品 **38～40 風鈴**

作品38～40的材料〈1件的材料〉
A布（縐綢布：和風花色）10cm×10cm
B布（棉布：和風花色）2cm×2.5cm
保麗龍球 直徑2cm 1個
編織繩 粗0.1cm（白色）長10cm
手機吊飾繩 1條
木工用樹脂

布的裁法

風鈴
（A布 1片）
直徑5
不留縫份

布條
（B布 2片）
2.5
不留糊份
1

作品38**大功告成**
（作品39・40的作法相同）

手機吊飾繩
約
12.5

1 製作風鈴

切掉1/4

稍微把中間挖空

A布
（正面）
0.3
細針手縫
（請參照70頁）

在保麗龍球的凹洞裡塗上樹脂，貼上布之後，將縫份往凹洞裡塞

2 製作布條

2.5
將10cm長的編織繩打結後，剪掉多餘的部分
將編織繩夾在中間，並黏合布條
塗上樹脂

3
用錐子在頂端鑽出一個洞，先穿過編織繩後，再穿上手機吊飾繩

第21頁作品 **41～43 團扇**

作品41～43的材料〈1件的材料〉
A布（棉布：印花）15cm×10cm
B布（棉布：41・42印花・43土黃色）
5cm×3cm
41 編織繩 粗0.1cm（紅色・藏青色）
長各10cm、（藍色・水藍色）各5cm
42 編織繩 粗0.1cm（朱紅色）長30cm
43 編織繩 粗0.1cm（藏青色）長10cm
（白色）長15cm
（紅色・土黃色）長各5cm
鐵絲#20 長15cm
厚紙板 10cm×5cm
木工用樹脂

1 製作團扇表層

用樹脂黏上鐵絲
0.8
0.8　0.8
厚紙板

A布（正面）
整面塗上樹脂

A布（正面）
不留糊份

B布（正面）
用樹脂黏貼

3 將編織繩夾在團扇表層和裡層的中間，然後黏合

整面塗上樹脂

並排黏貼兩條編織繩，繩子的尾端往內摺
＊作品43為3條

4
將10cm長的編織繩對折

作品41**大功告成**
（作品42・43的作法相同）

約
11

作品41～43的原寸紙型
＊未指定之糊份均為0.5cm

A布
41
42・43
B布
不留糊份
編織繩
B布
厚紙板
A布

2 製作團扇裡層

A布（正面）
用樹脂黏在厚紙板上
牙口

將糊份往內摺
厚紙板

4 製作流蘇

用錐子鑽個洞，穿上10cm長的編織繩之後將繩子打結

將編織繩繩弄散
剪成1.5cm長

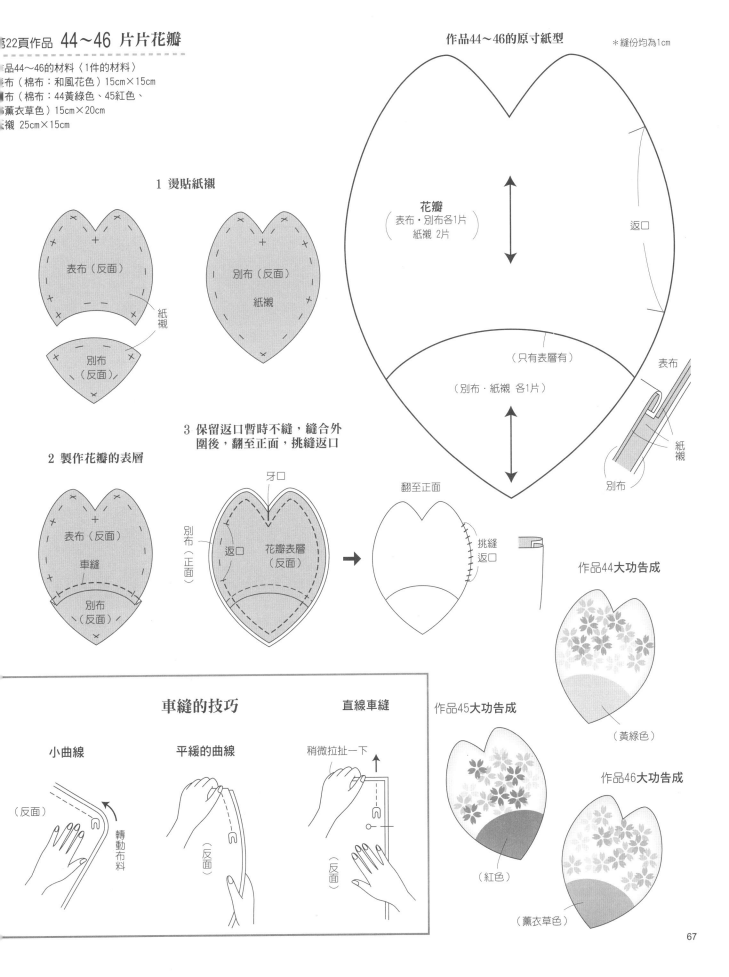

第22頁作品 44～46 片片花瓣

作品44～46的材料〈1件的材料〉
表布（棉布：和風花色）15cm×15cm
別布（棉布：44黃綠色、45紅色、
46薰衣草色）15cm×20cm
紙襯 25cm×15cm

作品44～46的原寸紙型　　　＊縫份均為1cm

花瓣
（表布・別布 各1片）
　紙襯 2片

返口

（只有表層有）

（別布・紙襯 各1片）

表布
紙襯
別布

1 燙貼紙襯

表布（反面）
紙襯
別布（反面）

別布（反面）
紙襯

2 製作花瓣的表層

表布（反面）
車縫
別布（反面）

3 保留返口暫時不縫，縫合外圍後，翻至正面，挑縫返口

牙口
別布（正面）
返口
花瓣表層（反面）

翻至正面
挑縫返口

作品44大功告成
（黃綠色）

作品45大功告成
（紅色）

作品46大功告成
（薰衣草色）

車縫的技巧

小曲線
（反面）
轉動布料

平緩的曲線
（反面）

直線車縫
稍微拉扯一下
（反面）

作品47的材料
表布（棉布：白色）45cm×35cm
別布（棉布：水藍色印花布）50cm×40cm
紙襯 90cm×50cm
A布·D布（棉布：水藍色）10cm×10cm
B布（棉布：淺水藍色）8cm×8cm
C布（棉布：綠松石藍·印花）各7cm×7cm
E布（棉布：藍色·靛色）各5cm×5cm
F布（棉布：藏青色）4.5cm×4.5cm
G布（棉布：絞染花色）4cm×4cm

作品48的材料
表布（棉布：白色）45cm×35cm
別布（棉布：水藍色印花布）50cm×40cm
紙襯 90cm×50cm
甲布（棉布：藍綠色）10cm×8cm
乙布·丙布（棉布：綠松石藍·水藍色）
各15cm×8cm
丁布（棉布：藍色）15cm×13cm
戊布（棉布：深藏青色）18cm×8cm
己布（棉布：靛色）20cm×10cm
庚布（棉布：藏青色）17cm×12cm

製圖

本體
（表布·別布 各1片
紙襯 2片）

1.5　0.2
29
1.5
40
別布
表布
紙襯
表布不留縫份

＊未指定之縫份均為1cm

1 製作本體

別布（正面）
完成線
1.5　　　　1.5
b
1（縫份）　a　1.5

（反面）
車縫
完成線

對齊a與b

（反面）
0.5
剪掉

（正面）
燙開縫份

（正面）
1.5　1

表布（正面）
車縫
翻至正面

作品47**大功告成**

2 製作貼縫布，完成後挑縫在本體上

0.7（縫份）
紙襯
0.5
不留縫份

放入厚紙板，
調整形狀

取出厚紙板

挑縫
（正面）

作品47的原寸紙型

A
B
G
F
C
E
D

＊縫份0.7cm

作品47**大功告成**

40
8
12.5
6.2　A　0.3
10.7　E
B　6.5
11　C　C　14.7
8　E　6　F
7　5　G　D
2.5　　4.5
29
3.5　　3　3.8

3.7

作品48**大功告成**
（作法與作品47相同）

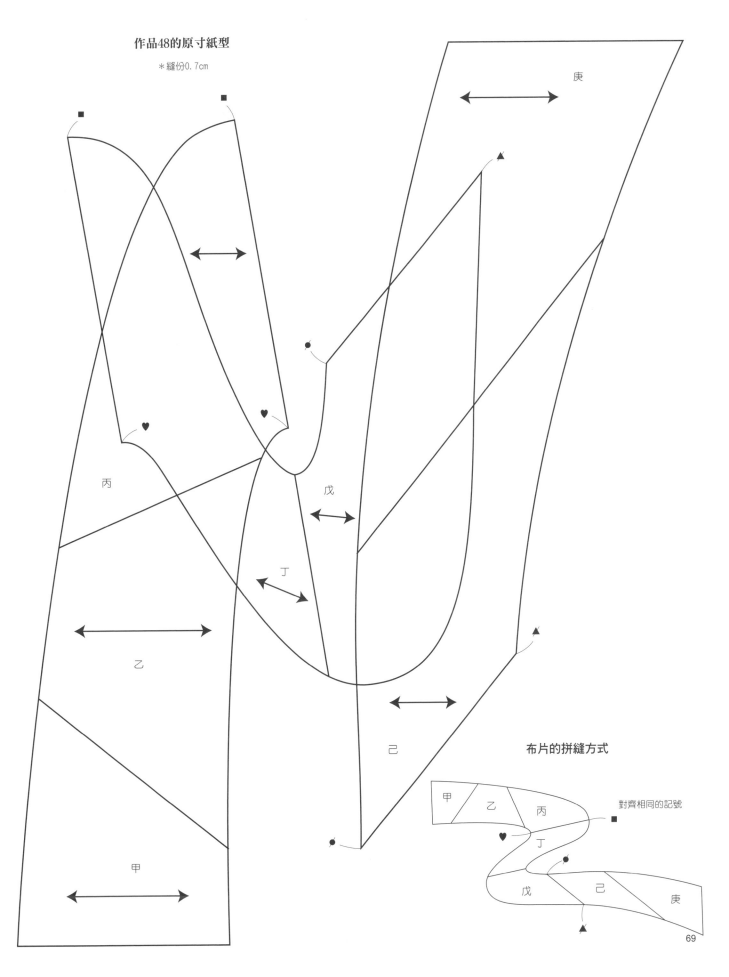

作品48的原寸紙型

＊縫份0.7cm

庚

丙

戊

丁

乙

己

甲

布片的拼縫方式

甲　乙　丙

丁

戊　己　庚

對齊相同的記號

材料
表布（棉布：印花圖案）15cm×15cm
別布（棉布：淺褐色）15cm×15cm
紙襯 25cm×15cm

1 燙貼紙襯

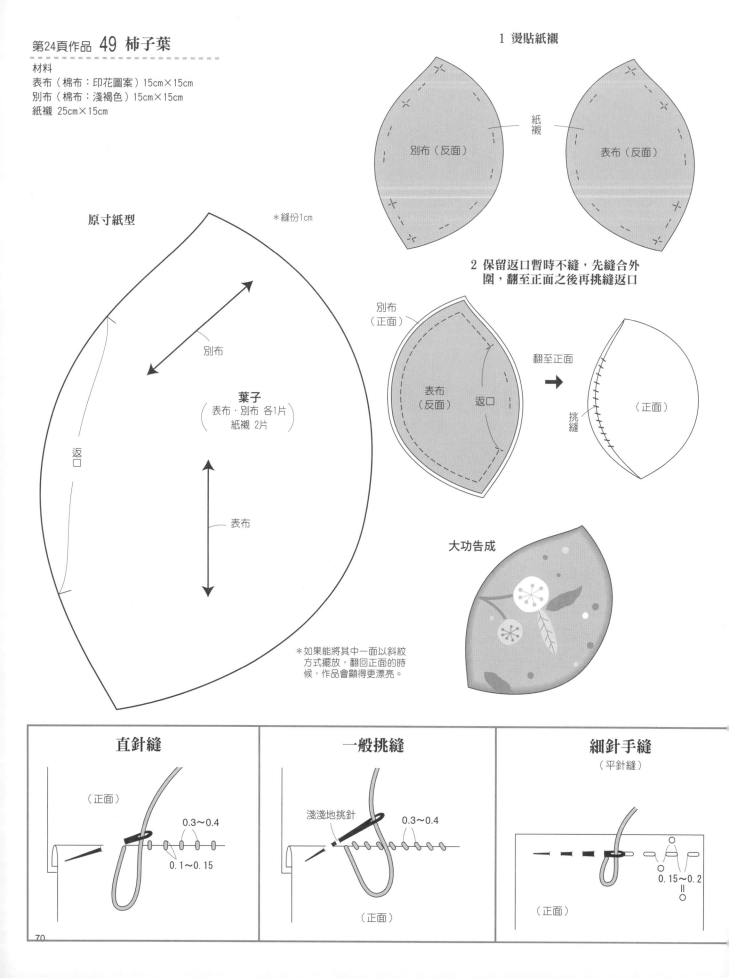

別布（反面）
紙襯
表布（反面）

原寸紙型

＊縫份1cm

別布

葉子
（ 表布・別布 各1片 ）
紙襯 2片

返口

表布

＊如果能將其中一面以斜紋
方式擺放，翻回正面的時
候，作品會顯得更漂亮。

**2 保留返口暫時不縫，先縫合外
圍，翻至正面之後再挑縫返口**

別布
（正面）

表布
（反面）

返口

翻至正面 →

挑縫

（正面）

大功告成

直針縫

（正面）

0.3～0.4

0.1～0.15

一般挑縫

淺淺地挑針

0.3～0.4

（正面）

細針手縫
（平針縫）

0.15～0.2

（正面）

70

第24頁作品 **50 銀杏**

材料
表布（棉布：印花圖案）15cm×15cm
別布（棉布：條紋）20cm×15cm
紙襯 30cm×15cm

原寸紙型

葉子
（表布・別布 各1片
紙襯 2片）

別布

表布

返口

＊縫份1cm

大功告成
（作法與作品49相同）

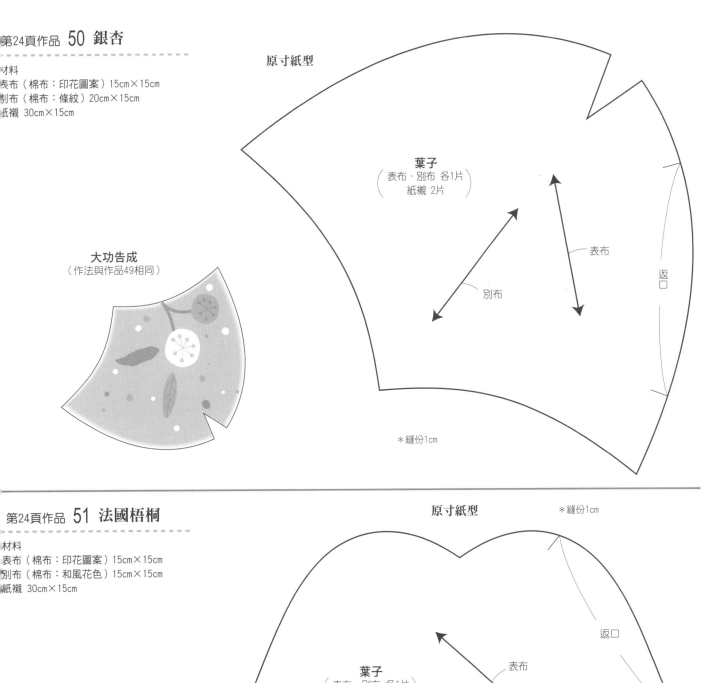

第24頁作品 **51 法國梧桐**

材料
表布（棉布：印花圖案）15cm×15cm
別布（棉布：和風花色）15cm×15cm
紙襯 30cm×15cm

原寸紙型

＊縫份1cm

葉子
（表布・別布 各1片
紙襯 2片）

表布

返口

別布

大功告成
（作法與作品49相同）

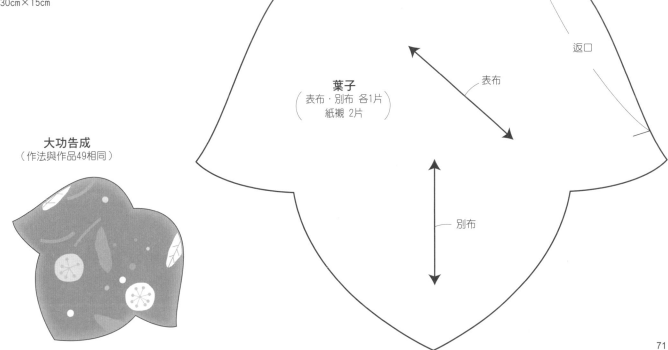

材料
表布（棉布：黑色）35cm×30cm
別布（棉布：紅色）35cm×30cm
A布（棉布：綠色）25cm×20cm
薄紙襯　60cm×30cm
25號繡線（白色）

製圖

＊縫份1cm

本體（表布・別布・薄紙襯 各1片）

1.5
5.6
0.2
11.5
24.5
中心線
10.5
0.6
4.5
6　6
返口
31

1 製作本體

別布（正面）
車縫
表布（反面）
薄紙襯
返口
＋

翻至正面

車縫
表布（正面）
別布（正面）
摺進去

大功告成

原寸紙型

松樹
（A布・薄紙襯 各1片）

2 製作貼縫布，完成後將貼縫布挑縫在本體正面

松樹（反面）　不留縫份
薄紙襯

平針繡
（白色）

在轉角部位
剪出一些牙
口並摺進去

24.5

7.8

31

材料
表布（棉布：黑色）35cm×30cm
裡布（棉布：紅色）35cm×30cm
A布（棉布：苔綠色）30cm×20cm
薄紙襯 65cm×30cm
25號繡線（土黃色）
＊本體的製圖與第72頁的作品52相同

原寸紙型

＊縫份1cm

製作本體（請參照72頁）
製作貼縫布，完成後將貼縫布挑縫在本體正面

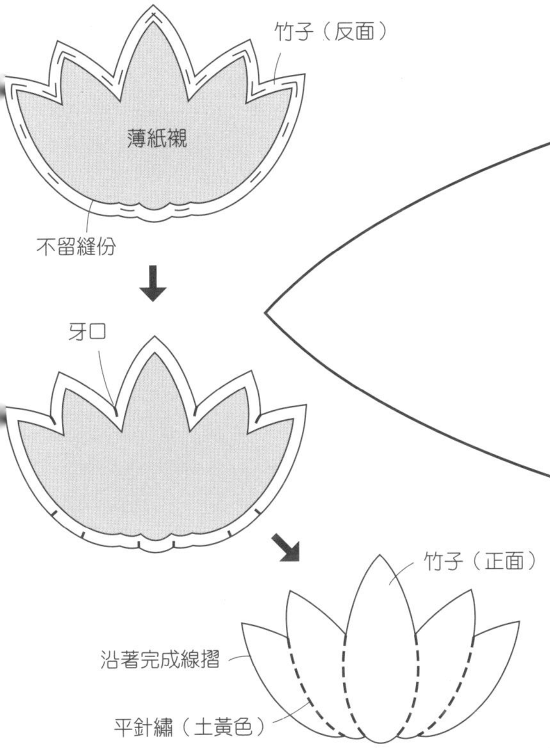

竹子（反面）

薄紙襯

不留縫份

牙口

竹子（正面）

沿著完成線摺

平針繡（土黃色）

大功告成

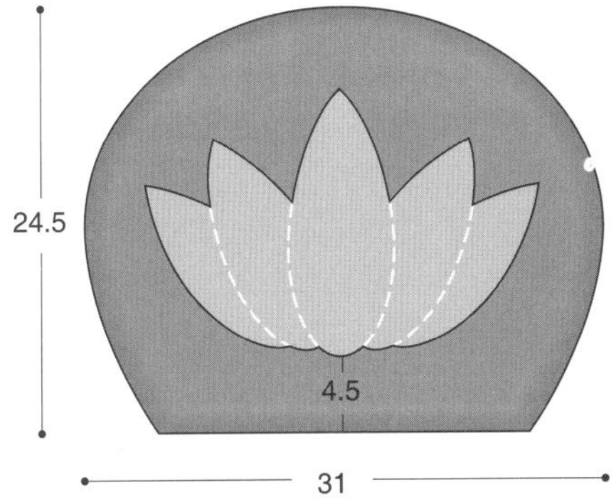

竹子
（A布・薄紙襯 各1片）

24.5

4.5

31

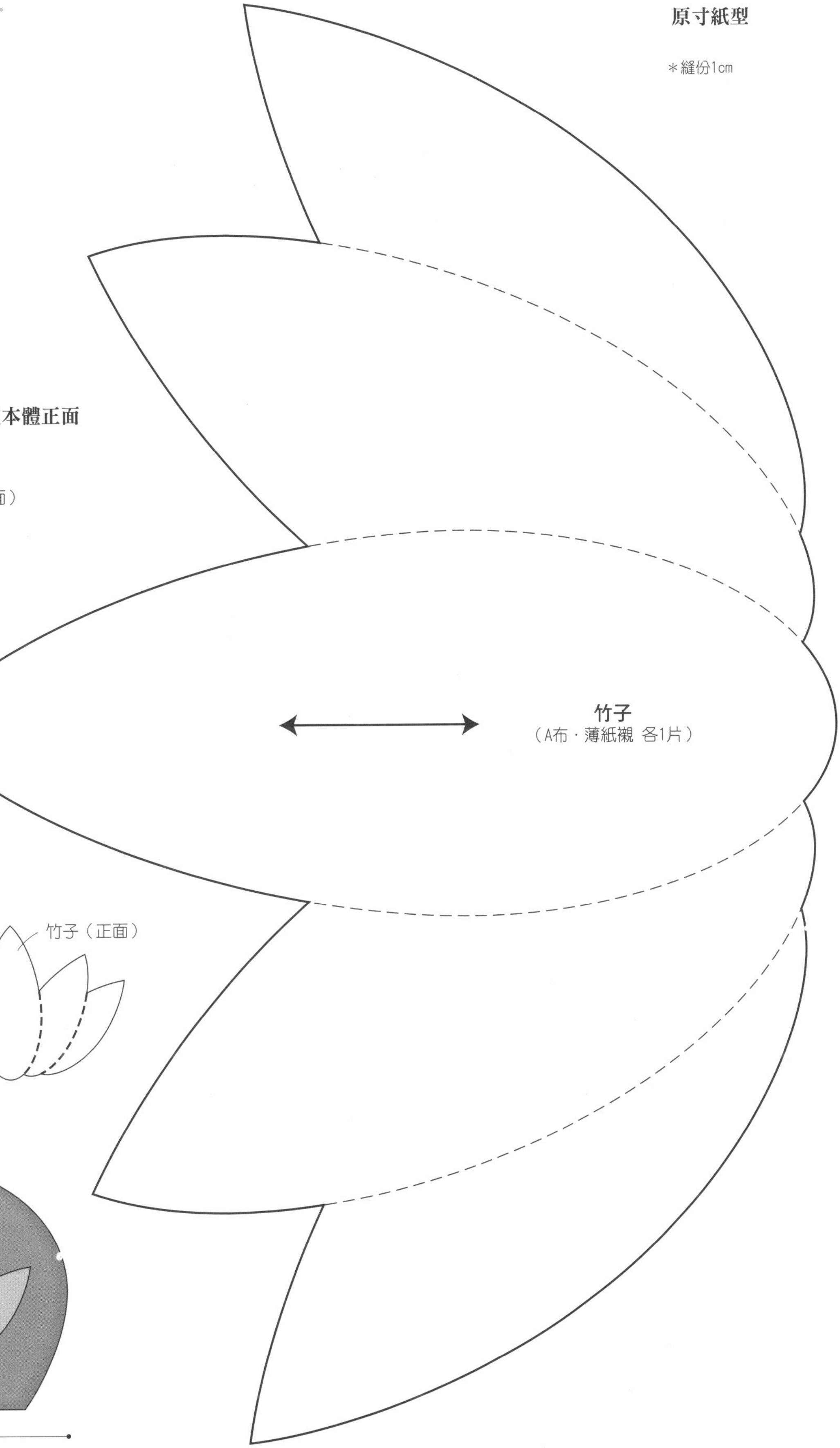

材料
表布（棉布：黑色）35cm×30cm
別布（棉布：紅色）35cm×30cm
A布（棉布：白色）25cm×20cm
薄紙襯 60cm×30cm
25號繡線（紅色）
＊本體的製圖與第72頁的作品52相同

1 製作本體（請參照72頁）
2 製作貼縫布，完成後將貼縫布
　挑縫在本體正面（請參照72頁）

大功告成

平針繡（紅色）

24.5

4

31

原寸紙型

＊縫份1cm

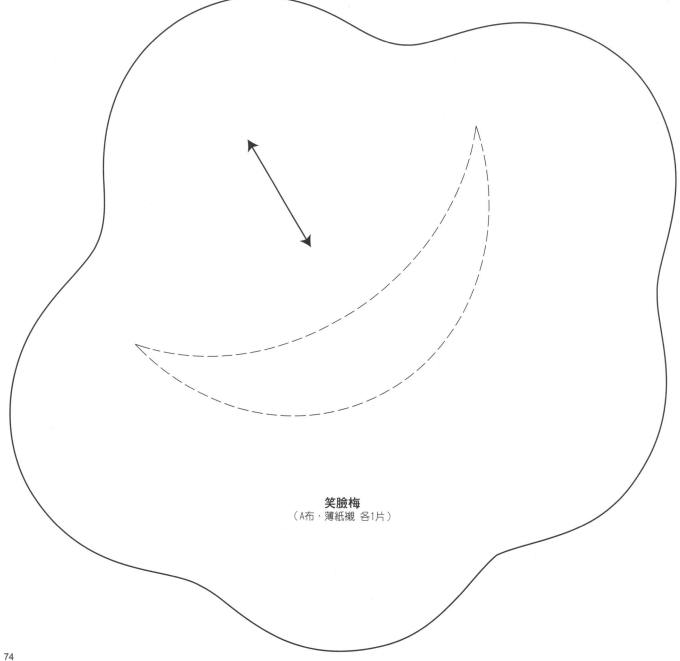

笑臉梅
（A布・薄紙襯 各1片）

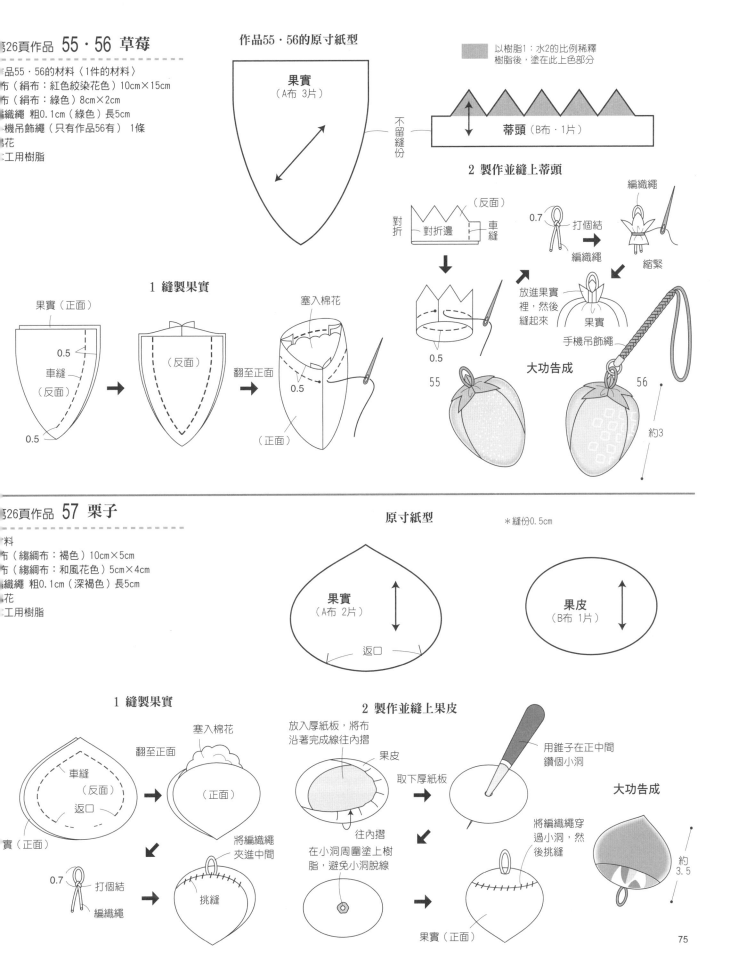

第26頁作品 **55．56 草莓**

作品55．56的材料〈1件的材料〉
布（絹布：紅色絞染花色）10cm×15cm
布（絹布：綠色）8cm×2cm
編織繩 粗0.1cm（綠色）長5cm
手機吊飾繩（只有作品56有） 1條
棉花
手工用樹脂

作品55．56的原寸紙型

果實
（A布 3片）

不留縫份

以樹脂1：水2的比例稀釋
樹脂後，塗在此上色部分

蒂頭（B布．1片）

2 製作並縫上蒂頭

對折　對折邊　車縫　（反面）

0.7　打個結　編織繩

編織繩　縮緊

放進果實裡，然後縫起來　果實

手機吊飾繩

0.5

55　**大功告成**　56

約3

1 縫製果實

果實（正面）

0.5
車縫
（反面）

0.5

（反面）

翻至正面

塞入棉花

0.5

（正面）

第26頁作品 **57 栗子**

材料
布（縐綢布：褐色）10cm×5cm
布（縐綢布：和風花色）5cm×4cm
編織繩 粗0.1cm（深褐色）長5cm
棉花
手工用樹脂

原寸紙型　＊縫份0.5cm

果實
（A布 2片）

返口

果皮
（B布 1片）

1 縫製果實

車縫
（反面）
返口

翻至正面

塞入棉花

（正面）

果實（正面）

0.7　打個結

編織繩

將編織繩夾進中間

挑縫

2 製作並縫上果皮

放入厚紙板，將布沿著完成線往內摺

果皮

往內摺

在小洞周圍塗上樹脂，避免小洞脫線

取下厚紙板

用錐子在正中間鑽個小洞

將編織繩穿過小洞，然後挑縫

果實（正面）

大功告成

約3.5

材料
A布（縐綢布：和風花色）8cm×8cm
B布（縐綢布：象牙白）8cm×4cm
25號刺繡線（深褐色）
棉花

工具
2/0號鉤針

原寸紙型

菌傘（A布 1片）

不留縫份

菌褶（B布 1片）

不留縫份

菌柄
（B布 1片）

1 製作菌傘

0.4
細針手縫

菌傘（正面）

塞入棉花之後縫合

（正面）

2 製作並縫上菌褶

0.3
（正面）

細針手縫

摺0.5

將菌褶分成16等

菌傘

菌褶（正面）

挑縫在菌傘上

直線繡（深褐色）

3 製作並縫上菌柄

對摺

（反面）

車縫 0.5

翻至正面

0.3

塞入棉花

將縫份往裡面摺，摺好之後再縫合

縫合

約1.5

挑縫

4 縫上繩子

從正中央穿出來

入

車縫線（4股線）

用2/0號鉤針鉤出10㎝長的鎖針，製作成繩子

入

出

打結之後把線剪斷

大功告成

5

約3.5

鎖針

① ② ③ ④ ⑤ ⑥

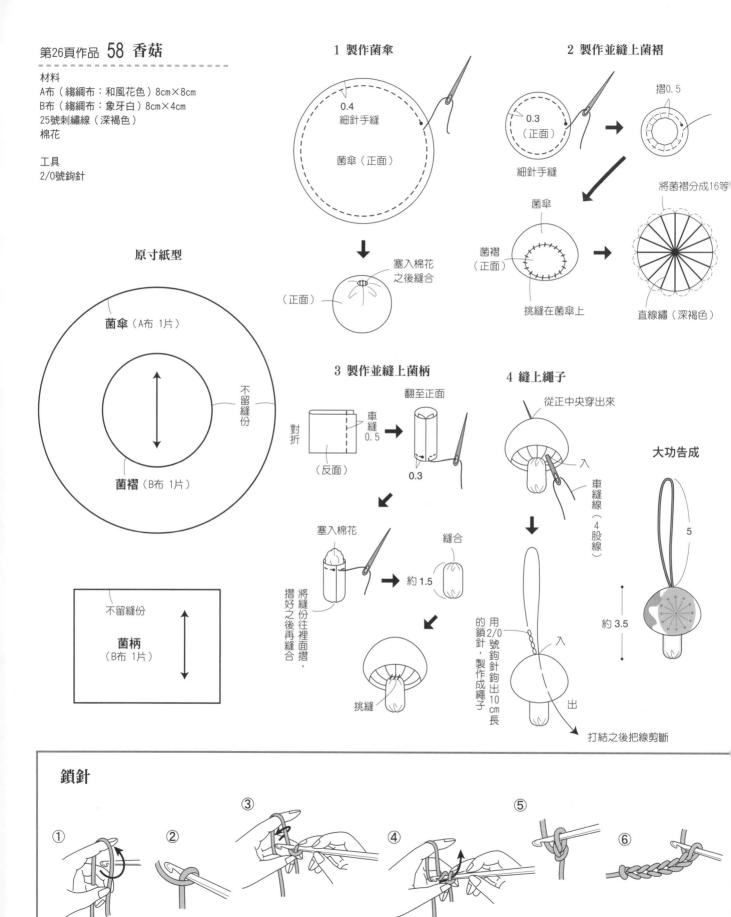

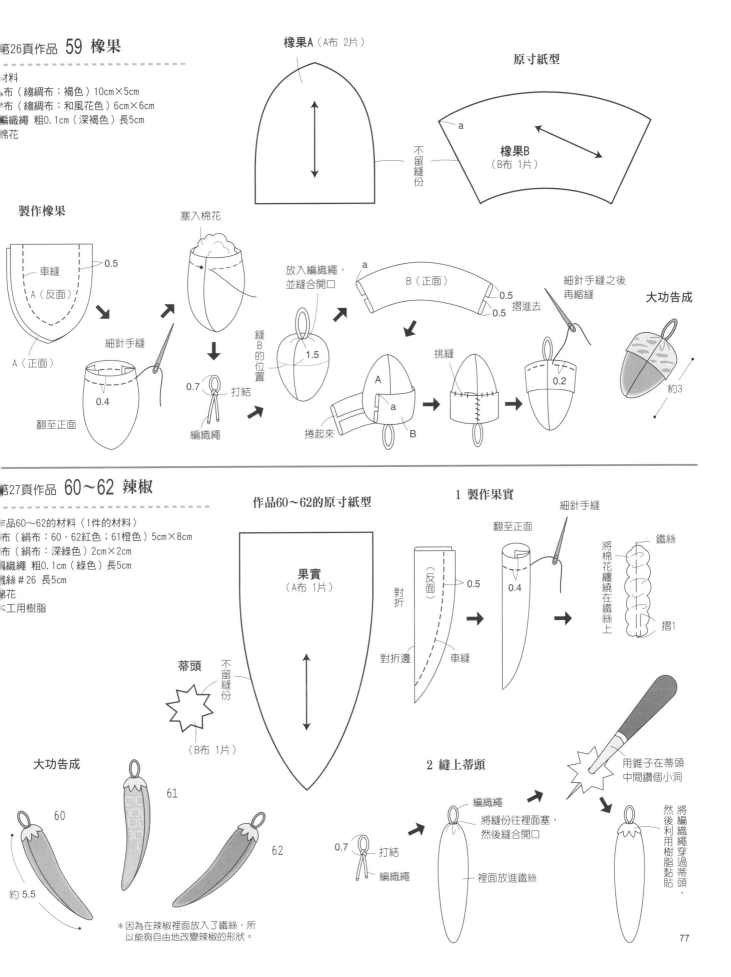

第26頁作品 **59 橡果**

材料
布（縐綢布：褐色）10cm×5cm
布（縐綢布：和風花色）6cm×6cm
編織繩 粗0.1cm（深褐色）長5cm
棉花

橡果A（A布 2片）

原寸紙型

a

橡果B
（B布 1片）

不留縫份

製作橡果

車縫　0.5

A（反面）

A（正面）

細針手縫

0.4

翻至正面

塞入棉花

0.7　打結

編織繩

放入編織繩，
並縫合開口

縫B的位置

1.5

B（正面）　0.5　0.5　摺進去

捲起來

A　a

B

挑縫

細針手縫之後
再縮縫

0.2

大功告成

約3

第27頁作品 **60～62 辣椒**

作品60～62的材料〈1件的材料〉
布（絹布：60・62紅色；61橙色）5cm×8cm
布（絹布：深綠色）2cm×2cm
編織繩 粗0.1cm（綠色）長5cm
鐵絲 ＃26 長5cm
絹花
木工用樹脂

作品60～62的原寸紙型

果實
（A布 1片）

蒂頭

不留縫份

（B布 1片）

1 製作果實

翻至正面

細針手縫

對折

（反面）　0.5

對折邊　車縫

0.4

將棉花纏繞在鐵絲上

鐵絲

摺1

大功告成

60

61

62

約5.5

*因為在辣椒裡面放入了鐵絲，所
以能夠自由地改變辣椒的形狀。

2 縫上蒂頭

0.7　打結

編織繩

編織繩

將縫份往裡面塞，
然後縫合開口

裡面放進鐵絲

用錐子在蒂頭
中間鑽個小洞

將編織繩穿過蒂頭，
然後利用樹脂黏貼

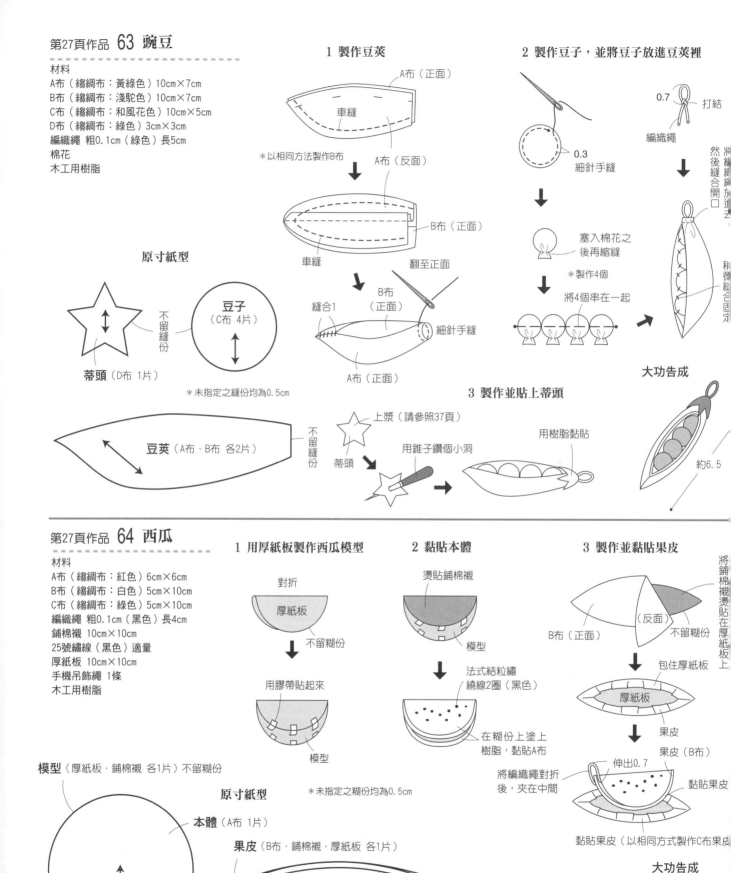

第27頁作品 **63 豌豆**

材料
A布（�綢布：黃綠色）10cm×7cm
B布（綢綢布：淺駝色）10cm×7cm
C布（綢綢布：和風花色）10cm×5cm
D布（綢綢布：綠色）3cm×3cm
編織繩 粗0.1cm（綠色）長5cm
棉花
木工用樹脂

原寸紙型

豆子
（C布 4片）

蒂頭（D布 1片）

豆莢（A布・B布 各2片）

不留縫份

1 製作豆莢

A布（正面）
車縫
*以相同方法製作B布
A布（反面）
B布（正面）
車縫
翻至正面
B布（正面）
縫合1
A布（正面）
細針手縫

*未指定之縫份均為0.5cm

2 製作豆子，並將豆子放進豆莢裡

0.3
細針手縫
塞入棉花之後再縮縫
*製作4個
將4個串在一起

0.7 打結
編織繩
然後縫合開口

大功告成

約6.5

3 製作並貼上蒂頭

上漿（請參照37頁）
蒂頭
用錐子鑽個小洞
用樹脂黏貼

第27頁作品 **64 西瓜**

材料
A布（綢綢布：紅色）6cm×6cm
B布（綢綢布：白色）5cm×10cm
C布（綢綢布：綠色）5cm×10cm
編織繩 粗0.1cm（黑色）長4cm
鋪棉襯 10cm×10cm
25號繡線（黑色）適量
厚紙板 10cm×10cm
手機吊飾繩 1條
木工用樹脂

模型（厚紙板・鋪棉襯 各1片）不留糊份

原寸紙型

本體（A布 1片）

果皮（B布・鋪棉襯・厚紙板 各1片）

模型（厚紙板 1片）

不留糊份

果皮（C布・鋪棉襯・厚紙板 各1片）

1 用厚紙板製作西瓜模型

對折
厚紙板
不留糊份
用膠帶貼起來
模型

2 黏貼本體

燙貼鋪棉襯
模型
法式結粒繡繞線2圈（黑色）
在糊份上塗上樹脂，黏貼A布

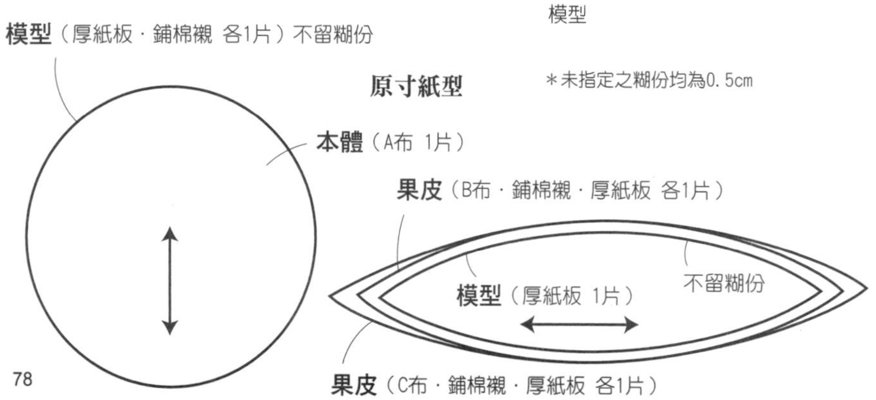

*未指定之糊份均為0.5cm

3 製作並黏貼果皮

B布（正面）
（反面）
不留糊份
包住厚紙板
厚紙板
果皮
果皮（B布）
伸出0.7
將編織繩對折後，夾在中間
黏貼果皮
黏貼果皮（以相同方式製作C布果皮）

將鋪棉襯燙貼在厚紙板上

大功告成

手機吊飾繩

第28頁作品 **65 招財貓**

第29頁作品 **66 招客貓**

作品65・66的材料〈1件的材料〉
底框甲布（棉布：和風花色）20cm×20cm
底框乙布（棉布：紅色）20cm×20cm
A布（縐綢布：65白色・66黑色）20cm×15cm
B布（縐綢布：和風花色）10cm×10cm
C布（絹布：紅色）10cm×5cm
D布（縐綢布：黑色）適量
E布（棉布：65橙色・66黃色）各適量
F布（棉布：和風花色）5cm×5cm
鋪棉襯 20cm×20cm
厚紙板 30cm×40cm
薄瓦楞紙 12.5cm×16cm
25號繡線（紅色・金色・白色）
棉繩 粗0.6cm、長5cm
魚線 長10cm
捷克珠 0.4cm（青銅色） 1個
圓珠 1cm（金色） 1個
木工用樹脂

原寸紙型

＊未指定之糊份均為0.7cm

黑眼珠
（D布 2片）

不留糊份

眼睛
（E布 2片）

內耳
（C布・厚紙板 各1片）

拳頭
（A布・厚紙板 各1片
鋪棉襯 2片）

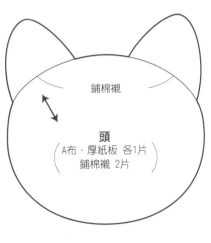

頭
（A布・厚紙板 各1片
鋪棉襯 2片）

65 右手
66 左手

（A布・鋪棉襯・厚紙板 各1片）

不留糊份

鋪棉襯

身體
（A布・鋪棉襯・厚紙板 各1片）

65 左手
66 右手

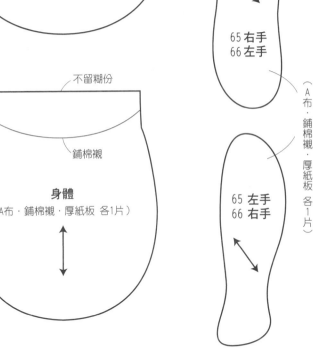

右腳

左腳

古錢幣
（F布・厚紙板 各1片）

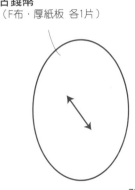

（A布・鋪棉襯・厚紙板 各1片）

＊未指定之糊份均為1cm

1 將鋪棉襯燙貼在厚紙板上

2 製作底框

底框表層
（甲布・鋪棉襯・薄瓦楞紙 各1片）

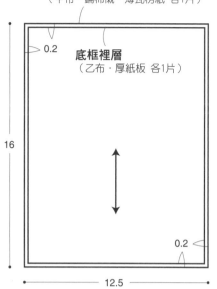

底框裡層
（乙布・厚紙板 各1片）

0.2

16

0.2

12.5

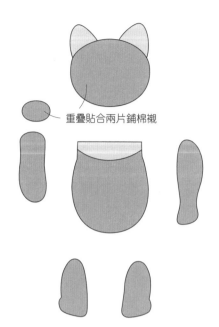

重疊貼合兩片鋪棉襯

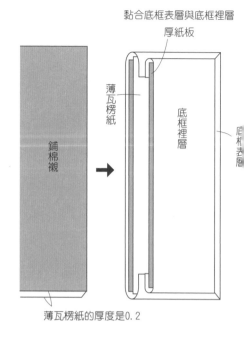

黏合底框表層與底框裡層

厚紙板

薄瓦楞紙

底框裡層

底框表層

鋪棉襯

薄瓦楞紙的厚度是0.2

不留糊份

2.5

項圈
（B布 1片）

8

3 製作頭和臉

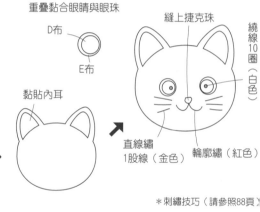

重疊黏合眼睛與眼珠

D布

E布

縫上捷克珠

繞線10圈（白色）

黏貼內耳

直線繡1股線（金色）

輪廓繡（紅色）

＊刺繡技巧（請參照88頁）

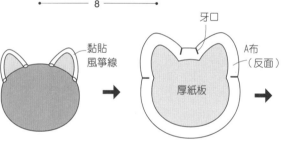

黏貼風箏線

牙口

A布（反面）

厚紙板

用樹脂黏貼糊份

4 製作身體

厚紙板

A布（反面）

牙口

黏貼

翻至正面

5 製作雙手

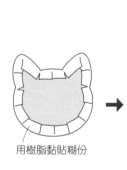

厚紙板

A布（反面）

黏貼

翻至正面

直線繡（紅色）

重疊黏貼

右手

厚紙板

A布（反面）

黏貼

左手

直線繡（紅色）

6 製作雙腳

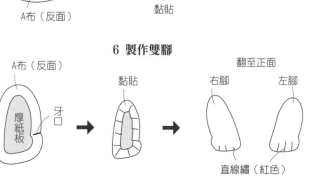

A布（反面）

厚紙板

牙口

黏貼

翻至正面

右腳

左腳

直線繡（紅色）

7 製作項圈，黏貼頭部

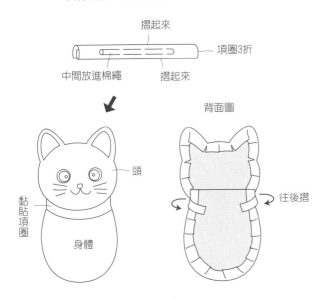

摺起來

項圈3折

中間放進棉繩　摺起來

頭

背面圖

黏貼項圈

身體

往後摺

8 黏貼雙腳．雙手

＊用小片的雙面膠暫時固定，看準位
　置之後再黏貼，可避免貼壞。

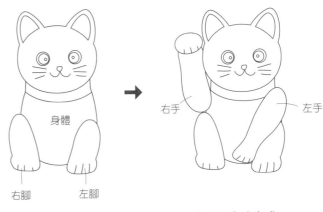

身體

右手　　左手

右腳　左腳

作品65**大功告成**

9 製作並黏貼古錢幣

10 縫上圓珠

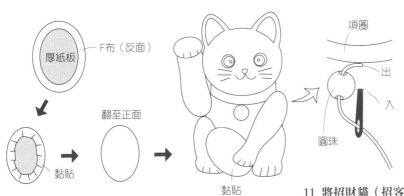

厚紙板

F布（反面）

翻至正面

黏貼

黏貼

項圈

出

入

圓珠

11 將招財貓（招客貓）黏貼在底框上

作品66**大功告成**
（作法請參照作品65）

＊請注意，招財貓與招客貓舉起的是不同隻手。

作品65**的手的作法**

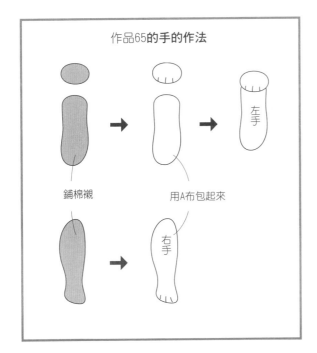

左手

右手

鋪棉襯　　用A布包起來

第30頁作品 **67 條紋和服**

第31頁作品 **68 格紋和服**

作品67・68的材料〈1件的材料〉
底框甲布（67棉布：米白色；68棉布：黑色）
20cm×20cm
底框乙布（棉布：紅色）20cm×20cm
A布（67絹布：條紋；68棉布：格紋）
15cm×20cm
B布（縐綢布：67綠色、68紅色）10cm×10cm
C布（縐綢布：67水藍色、68黃色）10cm×2cm
D布（67棉布：絞染花色；
68棉布：大理石花色）15cm×20cm
E布（67絹布：紅色；68絹布：黑色）
25cm×20cm
編織繩 粗0.2cm（67紅色、68藍色）長10cm
鋪棉襯 15cm×15cm
厚紙板 30cm×40cm
瓦楞紙 17cm×17cm
木工用樹脂

糊份1.5

底框布的裁法

直徑17

甲 底框

瓦楞紙・厚紙板

甲布

糊份1.5

乙布

直徑16.5

乙 底框

厚紙板

作品67・68的原寸紙型

和服・腰帶的裁剪方式

＊全都不留糊份及縫份

領子（A布 1片）

2.5

3

袖口布（B布 2片）

3

2

上身（A布 1片）

15

7

袖子（A布 2片）

7

6

腰帶（D布・E布 各1片）

4

8

下襬布（B布 1片）

4

7

太鼓結（D布・E布 各1片）

6

14

帶揚（C布 1片）

2

10

太鼓結襯墊（D布・E布 各1片）

6

11

領子

上身

袖子

袖子

黏貼腰帶的位置

1 將鋪棉襯燙貼在厚紙板上

疊合的部分
不貼鋪棉襯

鋪棉襯

鋪棉襯

厚紙板

2

厚紙

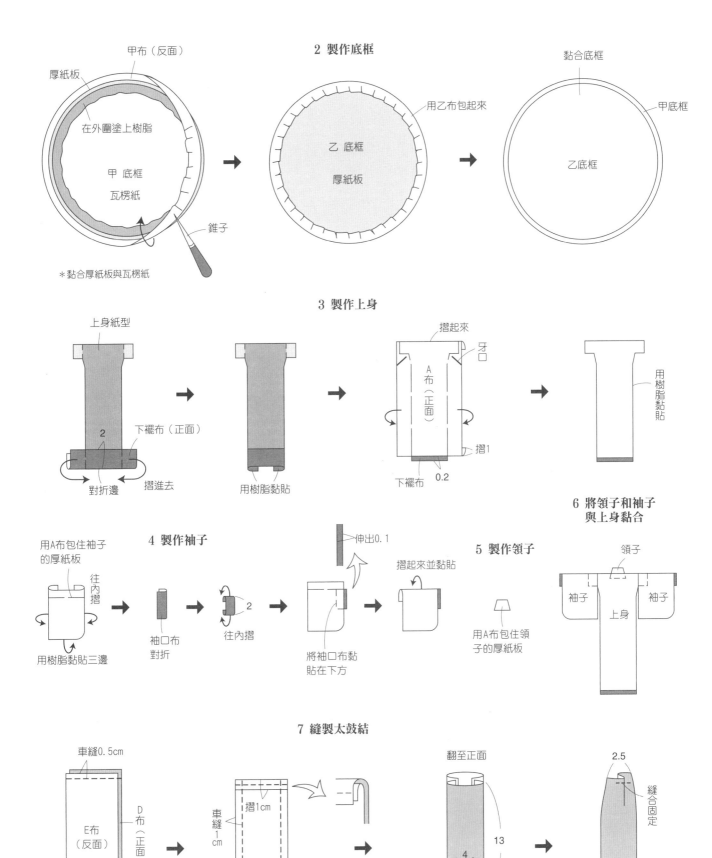

2 製作底框

厚紙板
甲布（反面）
在外圍塗上樹脂
甲 底框
瓦楞紙
錐子

＊黏合厚紙板與瓦楞紙

用乙布包起來
乙 底框
厚紙板

黏合底框
甲底框
乙底框

3 製作上身

上身紙型
2
下襬布（正面）
對折邊
摺進去

用樹脂黏貼

摺起來
牙口
A
布
（
正
面
）
摺1
下襬布
0.2

用樹脂黏貼

4 製作袖子

用A布包住袖子
的厚紙板
往內摺
用樹脂黏貼三邊

袖口布
對折

往內摺
2

伸出0.1

摺起來並黏貼
將袖口布黏
貼在下方

5 製作領子

用A布包住領
子的厚紙板

6 將領子和袖子
與上身黏合

領子
袖子
上身
袖子

7 縫製太鼓結

車縫0.5cm
E布
（反面）
D
布
（
正
面
）

摺1cm
車縫1cm

翻至正面
13
4

2.5
縫合固定

83

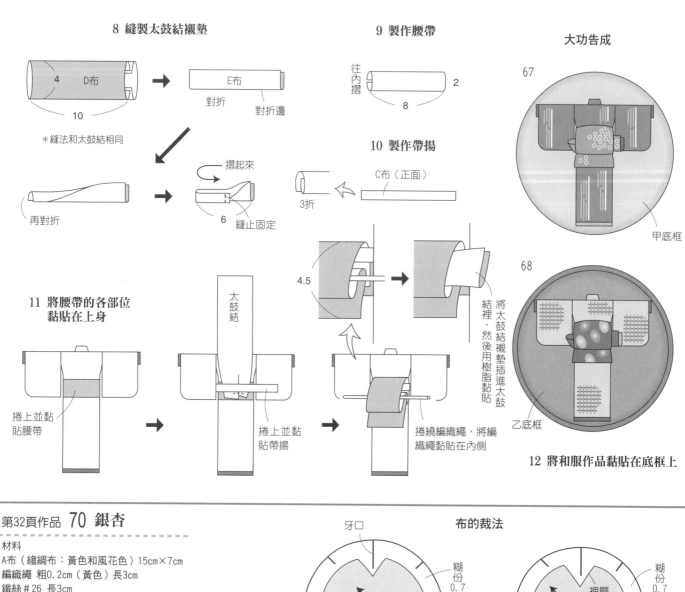

8 縫製太鼓結襯墊

4　D布　10
↓
E布　對折　對折邊

＊縫法和太鼓結相同

再對折
→
摺起來
縫止固定　6

9 製作腰帶

往內摺　2　8

10 製作帶揚

C布（正面）
3折

4.5

將太鼓結襯墊插進太鼓結裡，然後用樹脂黏貼

大功告成

67
甲底框

68
乙底框

11 將腰帶的各部位黏貼在上身

捲上並黏貼腰帶
→
太鼓結
捲上並黏貼帶揚
→
捲繞編織繩，將編織繩黏貼在內側

12 將和服作品黏貼在底框上

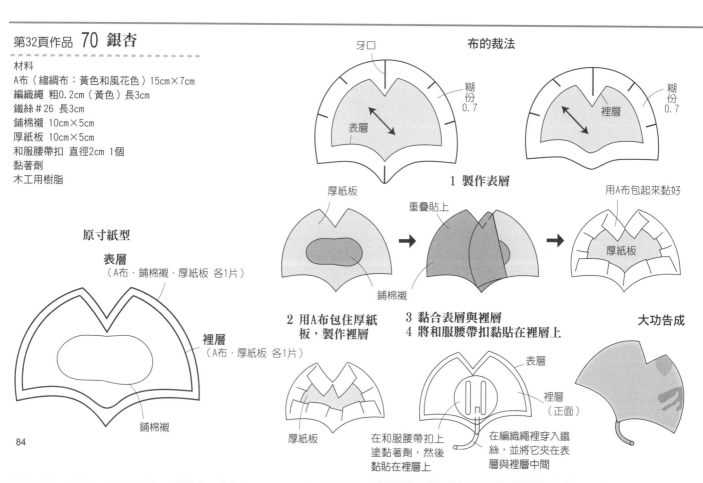

第32頁作品 70 銀杏

材料
A布（縐綢布：黃色和風花色）15cm×7cm
編織繩 粗0.2cm（黃色）長3cm
鐵絲＃26 長3cm
鋪棉襯 10cm×5cm
厚紙板 10cm×5cm
和服腰帶扣 直徑2cm 1個
黏著劑
木工用樹脂

原寸紙型

表層
（A布・鋪棉襯・厚紙板 各1片）

裡層
（A布・厚紙板 各1片）

鋪棉襯

布的裁法

牙口
糊份 0.7
表層

糊份 0.7
裡層

1 製作表層

重疊貼上
鋪棉襯
→
厚紙板
→
用A布包起來黏好
厚紙板

2 用A布包住厚紙板，製作裡層

厚紙板

3 黏合表層與裡層
4 將和服腰帶扣黏貼在裡層上

表層
裡層（正面）

在和服腰帶扣上塗黏著劑，然後黏貼在裡層上

在編織繩裡穿入鐵絲，並將它夾在表層與裡層中間

大功告成

第32頁作品 69 小花

材料
A布（絹布：紫色）15cm×7cm
B布（絹布：水藍色）5cm×5cm
鋪棉襯　20cm×5cm
厚紙板　10cm×5cm
25號繡線（綠色）
和服腰帶扣　直徑2cm 1個
黏著劑
串珠　直徑0.3cm 1個
木工用樹脂

第32頁作品 71 櫻桃

材料
A布（綯綢布：淺駝色）15cm×7cm
B布（化纖布：朱紅色）4cm×2cm
鋪棉襯　10cm×5cm
厚紙板　10cm×5cm
25號繡線（綠色）
和服腰帶扣　直徑2cm 1個
黏著劑
木工用樹脂

刺繡圖案

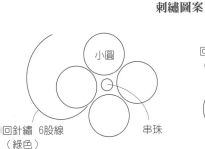

回針繡　6股線
（綠色）

串珠

回針繡　6股線
（綠色）

小圓

用回針繡繡滿整個面

原寸紙型

表層（A布・鋪棉襯・厚紙板 各1片）

裡層
（A布・厚紙板 各1片）

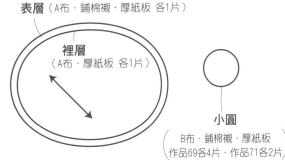

小圓
（B布・鋪棉襯・厚紙板）
作品69各4片・作品71各2片

1 製作表層

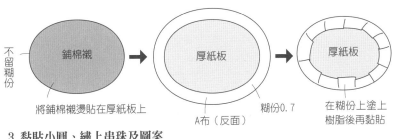

不留糊份

鋪棉襯　　厚紙板　　厚紙板

將鋪棉襯燙貼在厚紙板上

A布（反面）

糊份0.7

在糊份上塗上樹脂後再黏貼

2 製作小圓

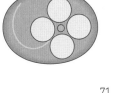

糊份0.3

B布　厚紙板

B布（反面）

黏貼

3 黏貼小圓、繡上串珠及圖案

表層

黏貼

串珠

4 製作裡層，然後黏合裡層與表層

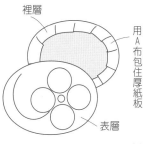

裡層

用A布包住厚紙板

表層

5 將和服腰帶扣黏貼在裡層上
（請參照下圖）

大功告成

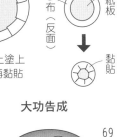

69

71

第33頁作品 76 盛開的櫻花

材料
A布（絹布：黑色）15cm×7cm
B布（絹布：粉紅色）15cm×4cm
鋪棉襯　10cm×10cm
厚紙板　20cm×5cm
25號繡線（金色）適量
小圓珠（金色）10個
珍珠串珠　直徑0.3cm 1個
和服腰帶扣　直徑2cm 1個
黏著劑
木工用樹脂

原寸紙型

表層
（A布・鋪棉襯・厚紙板 各1片）

裡層
（A布・厚紙板 各1片）

＊未指定之糊份均為0.7cm

花瓣的作法

將鋪棉襯燙貼在厚紙板上

不留糊份

花瓣
（B布・鋪棉襯・厚紙板 各5片）

用B布包住厚紙板

＊製作5片

大功告成

縫上小圓珠

在和服腰帶扣上塗上黏著劑，然後黏貼在裡層上

用樹脂黏貼

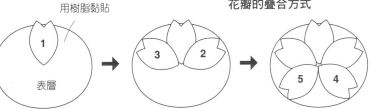

1

表層

3　2

5　4

珍珠串珠

直線繡
1股線（金色）

花瓣的疊合方式

黏貼裡層

裡層（正面）

85

第33頁作品 72 四葉幸運草

材料
A布（縐綢布：米白色）10cm×5cm
B布（縐綢布：黃綠色）7cm×7cm
玻璃串珠（粉紅色）0.4cm 1個
鋪棉襯 15cm×5cm
厚紙板 15cm×5cm
和服腰帶扣 直徑2cm 1個
黏著劑
木工用樹脂

原寸紙型

表層
（A布・鋪棉襯・厚紙板 各1片）

裡層
（A布・厚紙板 各1片）

＊作法請參照85頁

葉子
B布・鋪棉襯
厚紙板 各4片

糊份 0.5

布的裁法

表層

裡層

糊份 0.7

葉子的作法

不留糊份

將鋪棉襯燙貼在厚紙板上

牙口

厚紙板

B布（反面）

黏貼糊份

將葉子貼在表層上

葉子

將玻璃串珠縫在正中央

在和服腰帶扣上塗上黏著劑，然後黏貼在裡層上

塗上樹脂，與表層黏在一起

裡層（正面）

大功告成

第33頁作品 73 河豚

材料
A布（縐綢布：和風花色）6cm×6cm
B布（縐綢布：黑色）5cm×5cm
C布（縐綢布：條紋）10cm×5cm
鋪棉襯 6cm×6cm
厚紙板 10cm×6cm
25號繡線（黑色・粉紅色）
和服腰帶扣 直徑2cm 1個
黏著劑
木工用樹脂

表層（A布・鋪棉襯・厚紙板 各1片）

裡層
（B布・厚紙板 各1片）

原寸紙型

背鰭

尾鰭

胸鰭

腹鰭

布的裁法

A布（正面）
表層

B布（反面）
裡層

糊份0.5

4種魚鰭
（C布 各2片・厚紙板 各1片）

胸鰭

背鰭

尾鰭

腹鰭

糊份0.3

不留糊份

1 製作表層

不留糊份

鋪棉襯

將鋪棉襯燙貼在厚紙板上

厚紙板

A布（反面）

用樹脂黏貼糊份

2 黏貼眼睛和胸鰭

法式結粒繡 繞線
2圈（粉紅色）

黏貼

眼睛的作法

1

1

A布

法式結粒繡
繞線2圈（黑色）

剪成直徑0.3

3 黏貼背鰭・尾鰭・腹鰭

魚鰭的作法

A布（反面）

摺起來

不留糊份

厚紙板

黏貼

4 製作裡層，然後將黏合裡層與表層
5 將和服腰帶扣黏貼在裡層上

在和服腰帶扣塗上黏著劑，然後黏貼在裡層上

表層

裡層（正面）

大功告成

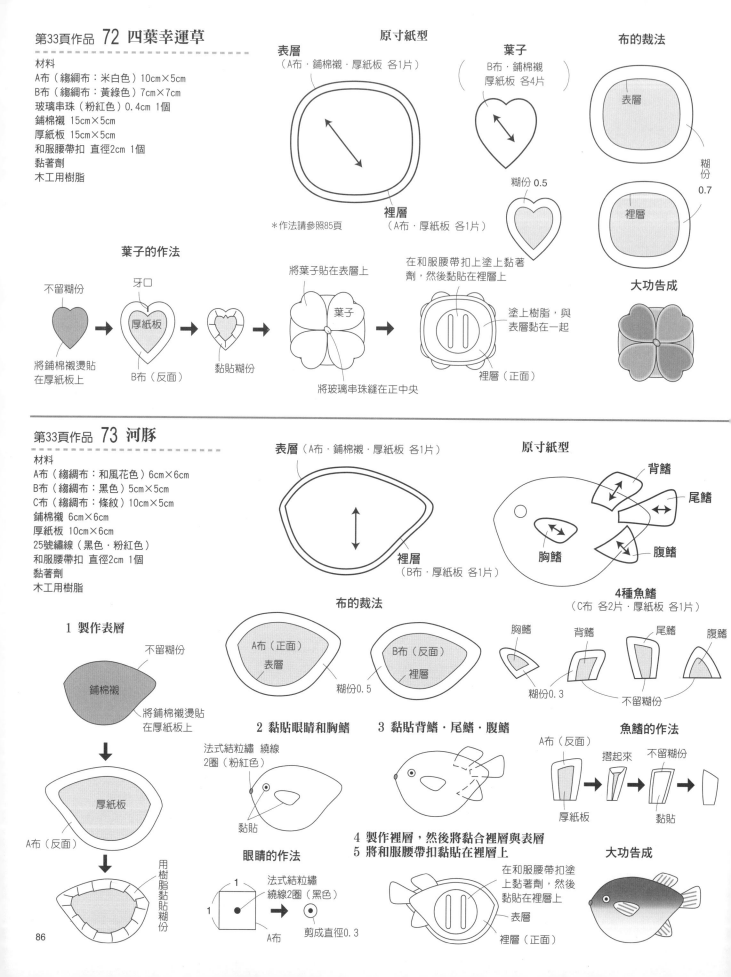

86

材料

布（縐綢布：和風花色）10cm×10cm
棉襯 15cm×5cm
紙板 15cm×5cm
圓珠（銀色）26個
虎魚線（透明色）長10cm
服腰帶扣 直徑2.5cm×1.6cm 1個
著劑
工用樹脂

1 製作本體a‧b

將鋪棉襯燙貼在厚紙板上

黏貼糊份

原寸紙型

本體a‧b
（A布‧鋪棉襯‧厚紙板 各1片）

a 不留糊份

b

＊未指定之糊份均為0.5cm

中央布
（A布 1片）

1.5

4

2 黏貼中央布

a
b

捲上中央布，然後黏貼固定

3 縫上串珠，黏貼裡層
4 將和服腰帶扣黏貼在裡層上

用魚線穿好13顆串珠後，縫合固定

在和服腰帶扣上塗上黏著劑，然後黏貼在裡層上

裡層（正面）

塗上樹脂之後再黏合

大功告成

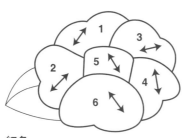

裡層
（A布‧厚紙板 各1片）

材料

布（縐綢布：紅色）10cm×5cm
布（縐綢布：白色）5cm×5cm
布（縐綢布：綠色）5cm×5cm
布（絹布：紅色）5cm×5cm
圓珠（金色）16個
鋪棉襯 10cm×5cm
厚紙板 10cm×5cm
服腰帶扣 直徑2cm 1個
著劑
工用樹脂

原寸紙型

＊未指定之糊份均為0.5cm

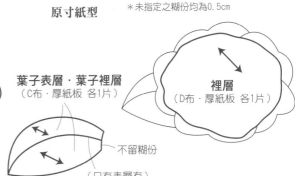

1 2 3 4 5 6

葉子表層‧葉子裡層
（C布‧厚紙板 各1片）

不留糊份

（只有表層有）

裡層
（D布‧厚紙板 各1片）

紅色山茶花 1～6

| A布（1～4‧6）‧B布（5） |
| 厚紙板 各1片 |
| 鋪棉襯 各3片 |

1 將鋪棉襯燙貼在厚紙板上，並用A‧B布包起來

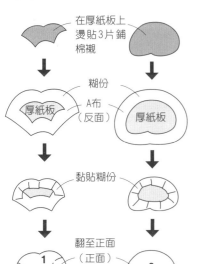

在厚紙板上燙貼3片鋪棉襯

糊份
厚紙板
A布（反面）
厚紙板

黏貼糊份

翻至正面（正面）

 1

 6

2
糊份 0.5

3

4

5
B布

2 依序黏合紅色山茶花的花瓣

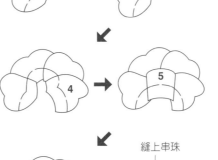

1 2

3

4

5

縫上串珠

6

3 製作葉子

厚紙板

C布

4 製作並黏貼裡層
5 將和服腰帶扣黏貼在裡層上

在和服腰帶扣上塗上黏著劑，然後黏貼在裡層上

把葉子夾在中間

裡層（正面）

大功告成

＊臉的部分是將鋪棉襯燙貼在厚紙襯（底層）上（請參照44頁），頭髮則燙貼厚紙襯
＊從紙型1開始，依序黏貼　＊未指定的糊份均為0.7

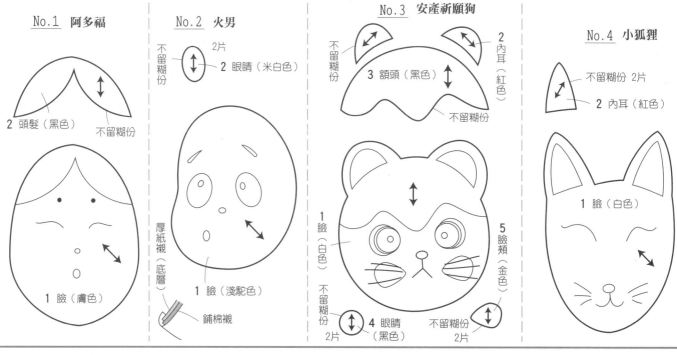

No.1 阿多福

2 頭髮（黑色）　不留糊份

1 臉（膚色）

No.2 火男

不留糊份

2片

2 眼睛（米白色）

厚紙襯（底層）

1 臉（淺駝色）

鋪棉襯

No.3 安產祈願狗

不留糊份

3 額頭（黑色）

2 內耳（紅色）

不留糊份

1 臉（白色）

不留糊份

4 眼睛 2片（黑色）

5 臉頰（金色）

不留糊份 2片

No.4 小狐狸

不留糊份 2片

2 內耳（紅色）

1 臉（白色）

繡線的穿針技巧

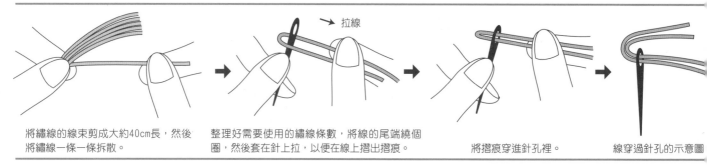

拉線

將繡線的線束剪成大約40cm長，然後將繡線一條一條拆散。

整理好需要使用的繡線條數，將線的尾端繞個圈，然後套在針上拉，以便在線上摺出摺痕。

將摺痕穿進針孔裡。

線穿過針孔的示意圖

刺繡技巧　　以下為本書所使用的刺繡技巧。針目大小可自行調整。

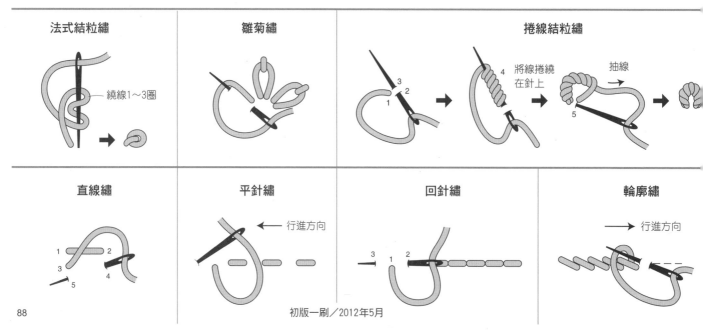

法式結粒繡

繞線1～3圈

雛菊繡

捲線結粒繡

將線捲繞在針上

抽線

直線繡

平針繡

行進方向

回針繡

輪廓繡

行進方向

初版一刷／2012年5月